Gottfried Adolph, Hans Nagel

DIN VDE 0100 in Frage und Antwort

Ein Ratgeber für den Praktiker

5. Auflage

Bestellnummer 1000

Bildungsverlag EINS – Stam

Haben Sie Anregungen oder Kritikpunkte zu diesem Buch?
Dann senden Sie eine E-Mail an S1000@bv-1.de
Autoren und Verlag freuen sich auf Ihre Rückmeldung.

www.bildungsverlag1.de

Gehlen, Kieser und Stam sind unter dem Dach des Bildungsverlages EINS zusammengeführt.

Bildungsverlag EINS
Sieglarer Straße 2, 53842 Troisdorf

ISBN 3-8237-**1000**-1

Inhaltsverzeichnis

8 Prüfungen im Bereich der Schutzmaßnahmen

9 Tabellen

1 Gefahren für den Menschen beim Umgang mit elektrischer Energie
Körperströme – Körperstromwege

Welche gefährlichen Wirkungen können auftreten?

- Die hohe Temperatur elektrischer Lichtbögen kann zu schweren äußeren Verbrennungen führen.
- Die Helligkeit elektrischer Lichtbögen kann zu Sehschäden führen.
- Elektrische Ströme durch den menschlichen Körper können zu Muskelverkrampfungen, zur Bewusstlosigkeit, zum Atemstillstand, zum Herzstillstand und zu inneren Verbrennungen führen.

Unter welchen Bedingungen entstehen Körperströme?

Hier ist der Mensch zwischen L1 und leitender Erde angeschlossen. Er ist jetzt Teil eines Stromkreises. Durch seinen Körper fließt ein Strom.

Hier ist der Mensch wie ein Verbrauchsmittel angeschlossen. (Zwischen Außenleiter und Neutralleiter)

Folge: Körperstrom

Hier ist der Mensch wie ein Verbrauchsmittel angeschlossen. (Zwischen 2 Außenleitern)

Folge: Körperstrom

Hier kommt es zu keinem Stromweg. Es fließt kein Körperstrom.

Körperströme entstehen immer dann, wenn ein Mensch zum Teil eines Stromkreises wird, wenn er wie ein Betriebsmittel oder wie ein Verbrauchsmittel angeschlossen ist.

Welche Stromwege durch den Körper sind mehr oder weniger gefährlich?

Gefährliche Stromwege

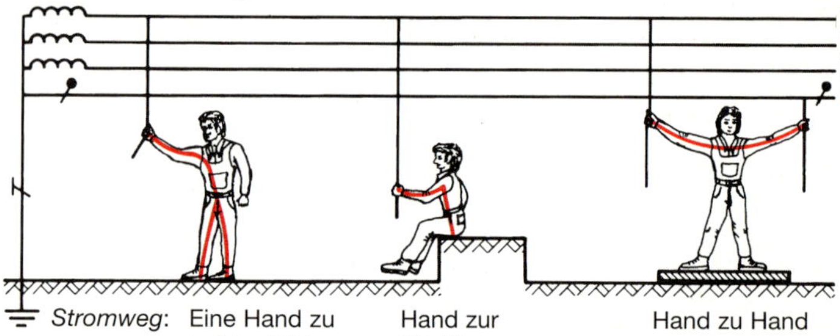

Stromweg: Eine Hand zu beiden Füßen — Hand zur Sitzfläche — Hand zu Hand

Besonders gefährlich: Jeder Stromweg über das Herz (linke Hand)!

Weitere gefährliche Stromwege

Stromweg: Finger zu Finger derselben Hand — Hand zu Ellenbogen desselben Armes — Knie zu Fuß desselben Beines

1 Gefahren für den Menschen beim Umgang mit elektrischer Energie
Körperstromwirkung – Körperstromimpedanz – zulässige Berührungsspannung

Wovon hängt es ab, ob Körperströme gefährlich sind?

- Stromstärke Je höher die Stärke des Körperstromes, um so größer die Gefahr.
- Stromweg Der Stromweg über das Herz ist der gefährlichste.
- Dauer Je länger ein Körperstrom fließt, um so größer die Gefahr.
- Stromart Wechselströme im Bereich 50 Hz sind gefährlicher als Gleichströme.

Bei welchen Körperstromstärken beginnt die Gefährdung?

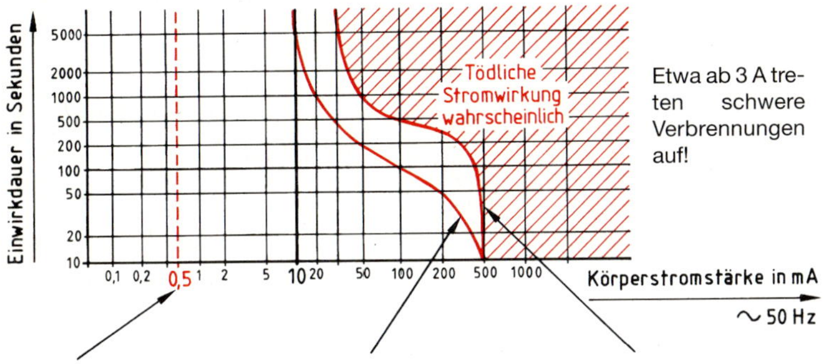

Etwa ab 3 A treten schwere Verbrennungen auf!

Wahrnehmbarkeitsschwelle | **Loslassschwelle** | **Flimmerschwelle**

Stromstärken unter 0,5 mA werden nicht wahrgenommen → zunehmende Muskelreizung und Schmerz → Die Muskeln verkrampfen sich → zunehmende Herzbelastung → Das Herz kommt aus dem Takt
- Herzstillstand
- Atemstillstand

Bei Gleichstrom verschieben sich die Schwellen nach rechts, die jeweiligen Grenzwerte liegen höher. Die angegebenen Grenzwerte sind Mittelwerte.

Wovon hängt die Impedanz (Widerstand) des menschlichen Körpers ab?

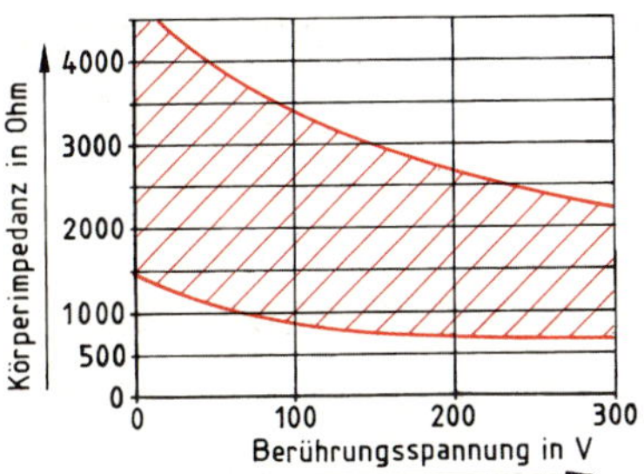

Bereich der möglichen Körperwiderstände für den Stromweg: linke Hand zu beiden Füßen für Wechselstrom unter 1 kHz.

Unter Impedanz versteht man den Wechselstrom-Scheinwiderstand. Da der Körperwiderstand nur sehr geringe kapazitive Anteile (an den Berührungsflächen) aufweist, kann man in der Praxis die angegebenen Werte als Wirkwiderstände nehmen.

Der Körperwiderstand hängt ab:
- von der Berührungsfläche,
- vom Berührungsdruck,
- von der Hautfeuchtigkeit,
- vom Stromweg,
- von der Höhe der Berührungsspannung.

Es kann mit einem Mittelwert von 1 000 Ω gerechnet werden.

Wie hoch sind die Grenzwerte für zulässige Berührungsspannungen?

Unter der Berücksichtigung der Flimmerschwelle und dem Widerstand des menschlichen Körpers ist der Schutz vor Herzkammerflimmern weitgehend erreicht, wenn die Berührungsspannung den Effektivwert von **50 V** ~ nicht überschreitet (Gleichspannung: **120 V**).
Unter sehr ungünstigen Bedingungen können auch Berührungsspannungen unterhalb dieser Werte gefährlich werden. Deshalb sind noch folgende Grenzwerte festgelegt:
- 6 V für medizinische Geräte, die in den Körper eingeführt werden,
- 12 V für Geräte, die in Badewannen oder Duschtassen eingesetzt werden,
- 24 V für elektromotorisches Spielzeug.

Was sind aktive Teile?

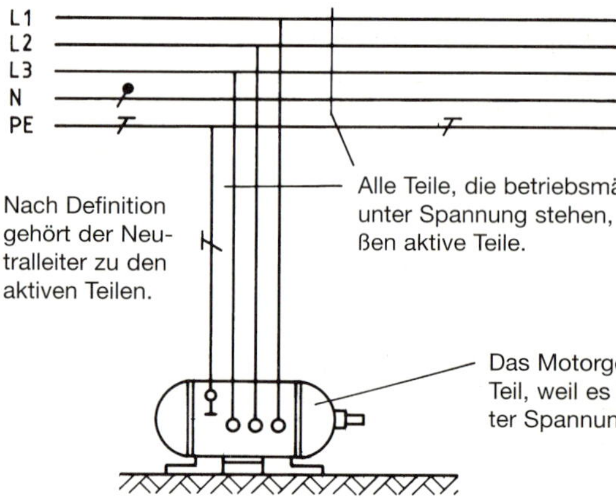

Nach Definition gehört der Neutralleiter zu den aktiven Teilen.

Alle Teile, die betriebsmäßig unter Spannung stehen, heißen aktive Teile.

Das Motorgehäuse ist kein aktives Teil, weil es betriebsmäßig nicht unter Spannung steht!

Was heißt **direktes Berühren**?

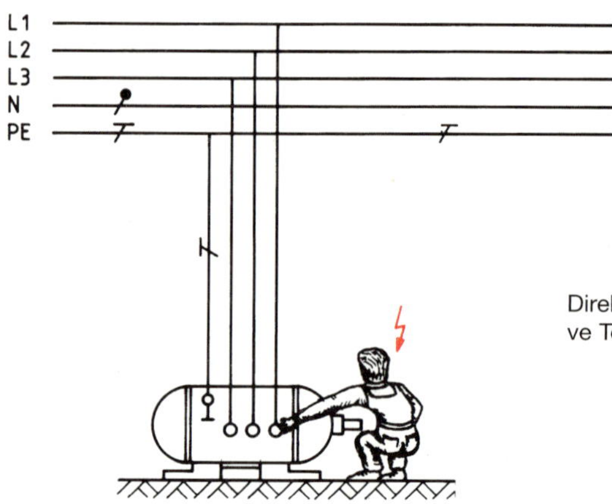

Direktes Berühren heißt, aktive Teile berühren!

Was heißt **indirektes Berühren**?

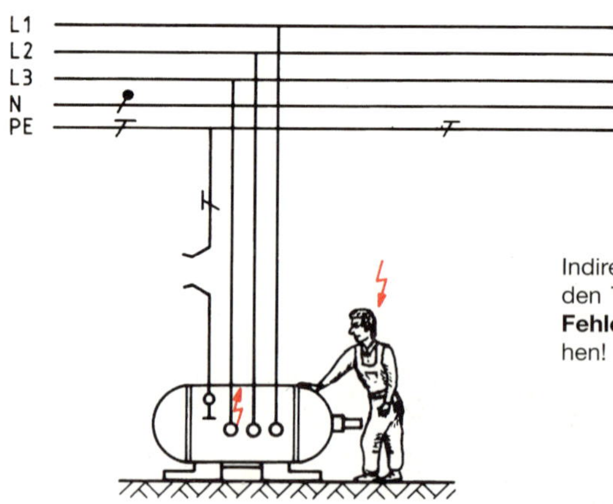

Indirektes Berühren: Es werden Teile berührt, die **durch Fehler** unter Spannung stehen!

Was versteht man unter einem Körperstrom?

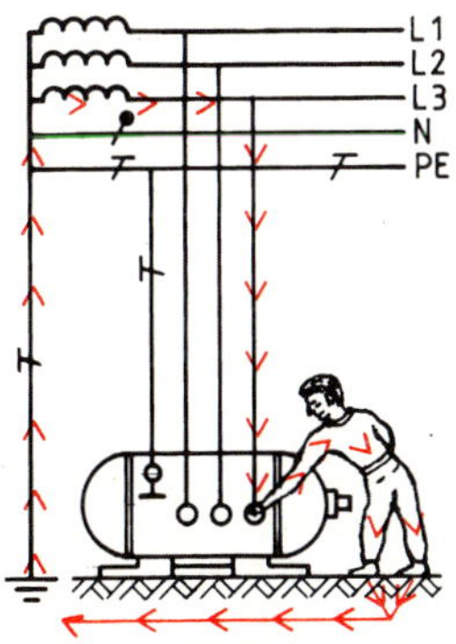

direktes Berühren

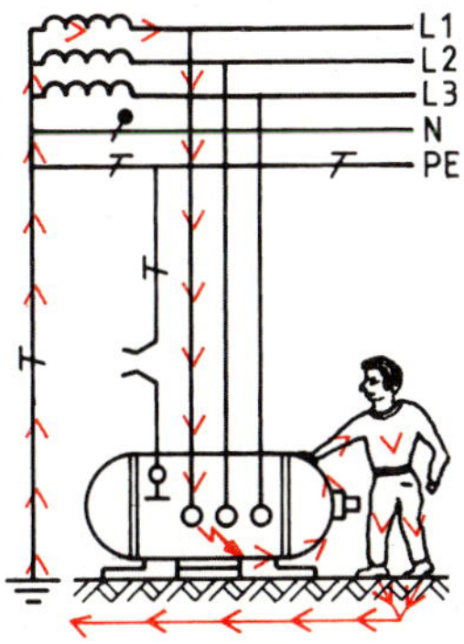

indirektes Berühren

Ein Körperstrom ist der Strom, der beim Berühren spannungsführender Teile durch den menschlichen Körper fließt.

Was bedeutet Basisisolierung?

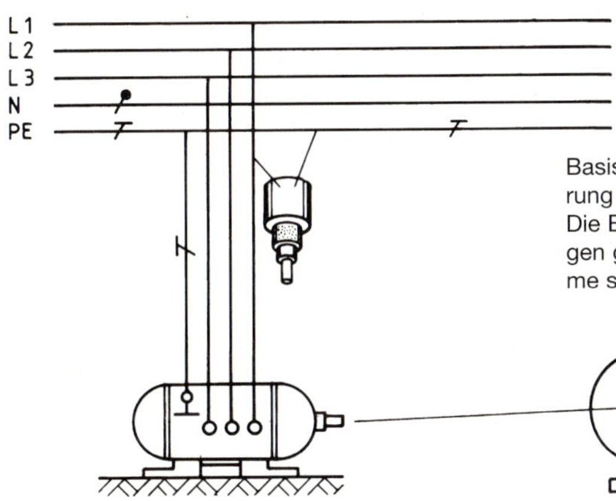

Basisisolierung ist die Isolierung von aktiven Teilen.
Die Basisisolierung soll gegen gefährliche Körperströme schützen.

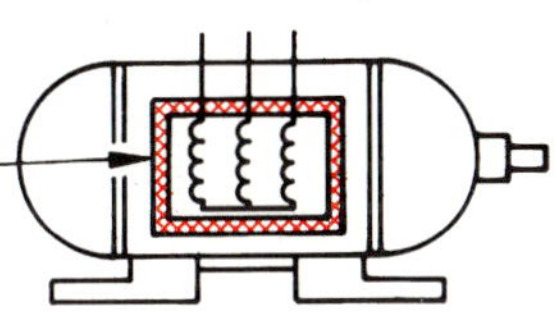

Was heißt Berührungsspannung?

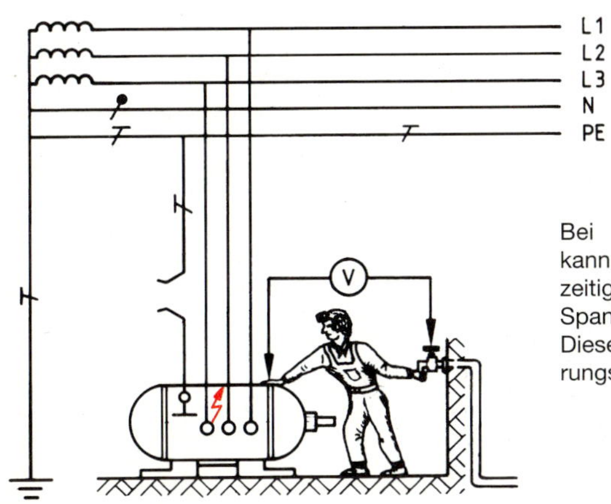

Bei einem Isolationsfehler kann zwischen zwei gleichzeitig berührbaren Teilen eine Spannung auftreten.
Diese Spannung heißt Berührungsspannung.

Welche Merkmale kennzeichnen den Neutralleiter?

Beispiel: 10 kV/350 V

Dieser Transformator ist auf der Niederspannungsseite im Stern geschaltet. Der Sternpunkt wird als Mittelpunkt bezeichnet.

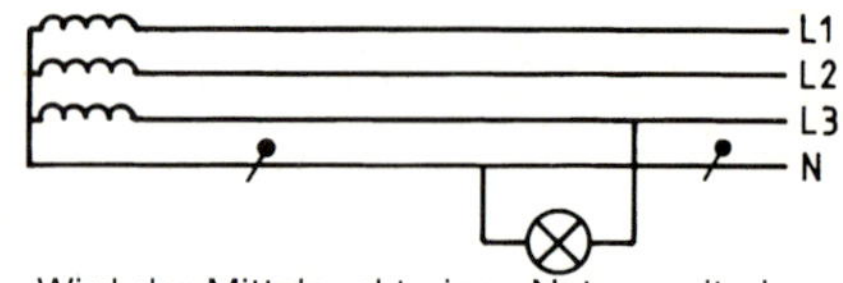

Wird der Mittelpunkt eines Netzes mit einem Leiter verbunden und hat dieser Leiter keine **Schutzfunktion**
und
ist dieser Leiter geeignet, elektrische Energie zu übertragen, dann heißt dieser Leiter **Neutralleiter**.

Nach Vereinbarung gehört der Neutralleiter zu den aktiven Teilen.

Welche Leiter werden als Schutzleiter bezeichnet?

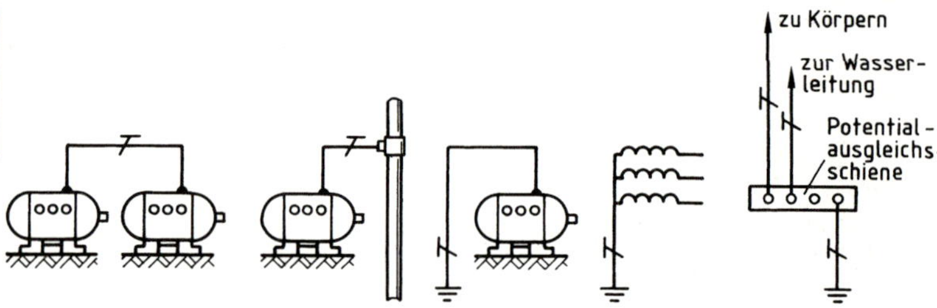

Werden in Anwendung einer Schutzmaßnahme bei indirektem Berühren folgende Verbindungen durch Leiter hergestellt, bezeichnet man diese Leiter als Schutzleiter:

- ein Körper mit einem anderen Körper,
- ein Körper mit einem fremden leitfähigen Teil,
- ein Körper mit einem Erder,
- der Mittelpunkt mit einem Erder.

Welche Merkmale hat ein PEN-Leiter? (früher Nullleiter)

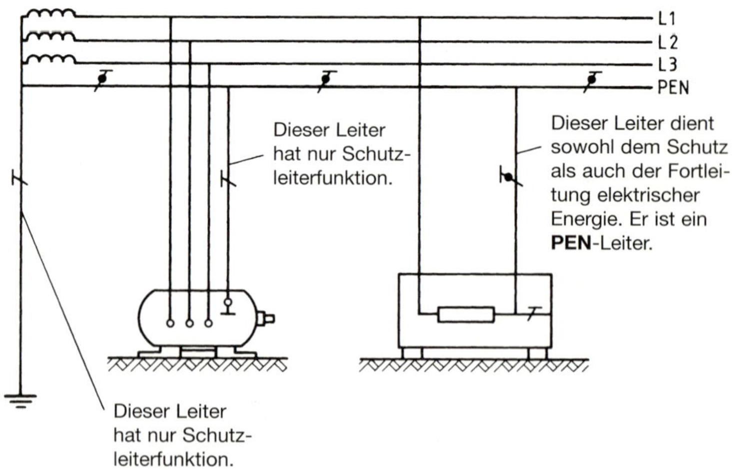

Ein PEN-Leiter ist sowohl Neutral- als auch Schutzleiter.

2 Festgelegte Begriffe (Auswahl) Betriebsmittel – Körper – Körperschluss – Erdschluss – Leiterschluss – Kurzschluss

DIN VDE 0100
Teil 200

Dient ein Gegenstand
- dem Erzeugen
- dem Fortleiten
- dem Verteilen
- dem Speichern
- dem Messen
- dem Umsetzen
- dem Verbrauchen

von elektrischer Energie, ...

... dann ist dieser Gegenstand ein elektrisches Betriebsmittel.

> Woran erkennt man ein elektrisches **Betriebsmittel**?

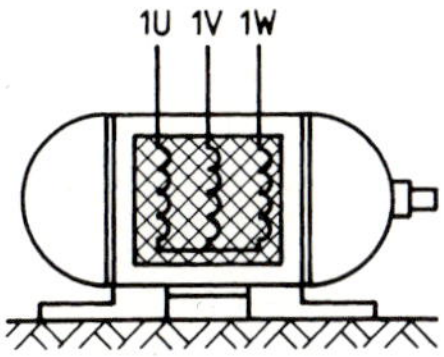

Die aktiven Teile sind isoliert (Basisisolierung).

Deshalb steht, wenn alles in Ordnung ist, das Gehäuse nicht mehr unter Spannung.

Hat ein Betriebsmittel berührbare leitfähige Teile, die im Fehlerfall unter Spannung stehen können, so heißen diese Teile Körper.

> Was ist der **Körper** eines elektrischen Betriebsmittels?

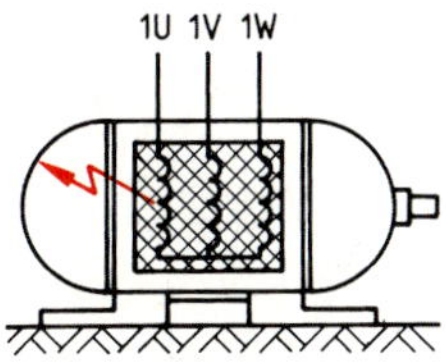

Durch einen Isolationsfehler ist eine leitende Verbindung zwischen einem aktiven Teil und dem Körper entstanden.

Eine solche leitende Verbindung heißt Körperschluss!

> Was versteht man unter einem **Körperschluss**?

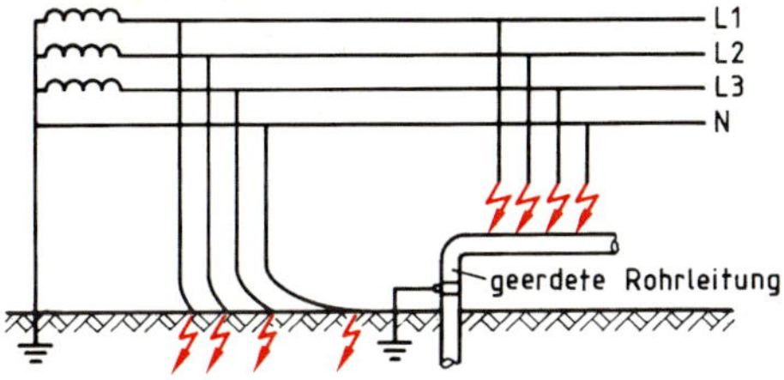

Entsteht durch einen Fehler eine Verbindung eines aktiven Netzteiles mit der Erde oder mit geerdeten Teilen, dann heißt diese leitende Verbindung Erdschluss.

> Was versteht man unter einem **Erdschluss**?

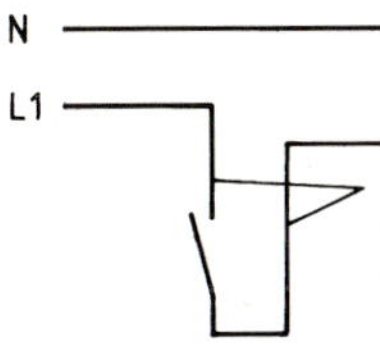

Zwischen diesen beiden Leitern besteht eine Spannung.

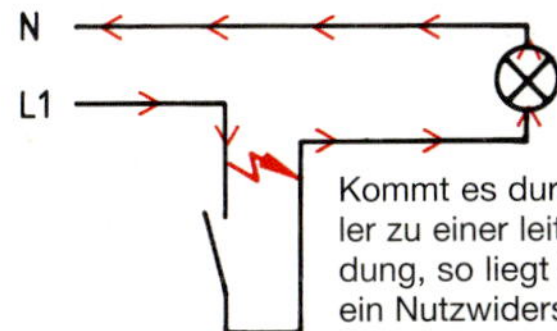

Kommt es durch einen Fehler zu einer leitenden Verbindung, so liegt im Fehlerkreis ein Nutzwiderstand.
Ein solcher Fehler heißt Leiterschluss!

> Welches ist der Unterschied zwischen einem **Leiterschluss** und einem **Kurzschluss**?

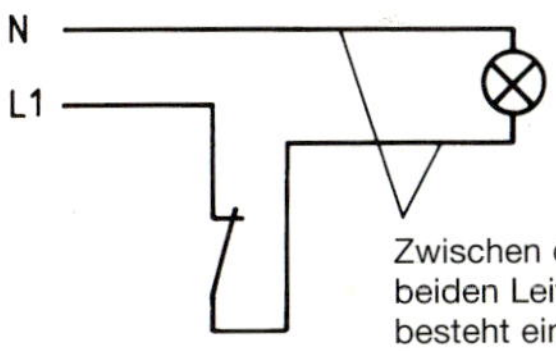

Zwischen diesen beiden Leitern besteht eine Spannung.

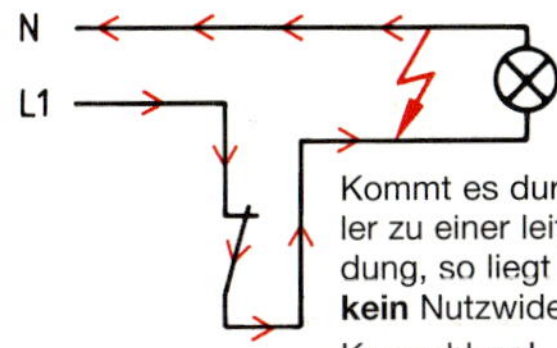

Kommt es durch einen Fehler zu einer leitenden Verbindung, so liegt im Fehlerkreis **kein** Nutzwiderstand.
Kurzschluss!

Was ist der Unterschied zwischen
- Schutzmaßnahme,
- Schutzklasse,
- Schutzart?

Schutzmaßnahmen

Schutzmaßnahmen sind alle Maßnahmen gegen die gefährlichen Wirkungen des elektrischen Stromes.

- Schutz gegen elektrischen Schlag
- Brandschutz
- Überstromschutz von Leitungen
- Schutz bei Überspannung
- Schutz bei Unterspannung
- Schutz durch Trennen und Schalten

Schutzklassen

Sie beziehen sich auf den Schutz gegen elektrischer Schlag bei **indirektem** Berühren von elektrischen Betriebsmitteln.

Es geht hier um die Art und Weise, wie sicher gestellt wird, dass bei Beschädigung der Basisisolierung kein gefährlich hoher Körperstrom auftritt.

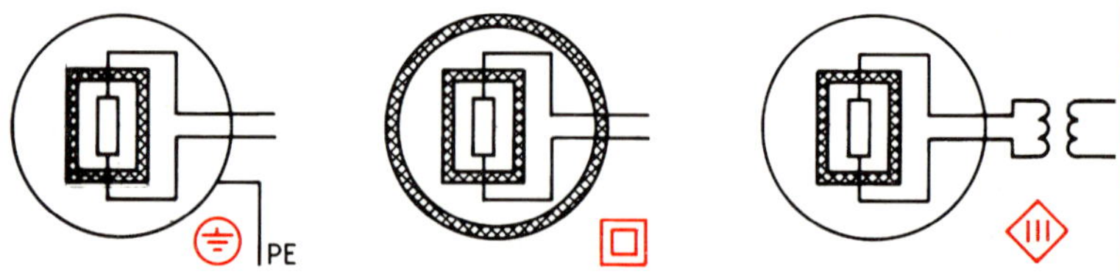

Schutzklasse I
Leitende Umhüllung (Körper) mit Schutzleiteranschluss

Schutzklasse II
Isolierende Umhüllung

Schutzklasse III
Kleinspannung SELV, PELV

Schutzarten

Sie beziehen sich auf den Schutz gegen elektrischen Schlag bei **direktem** Berühren.

Es geht hier um die Abdichtung elektrischer Betriebsmittel gegen das Eindringen von Fremdkörpern und Wasser.

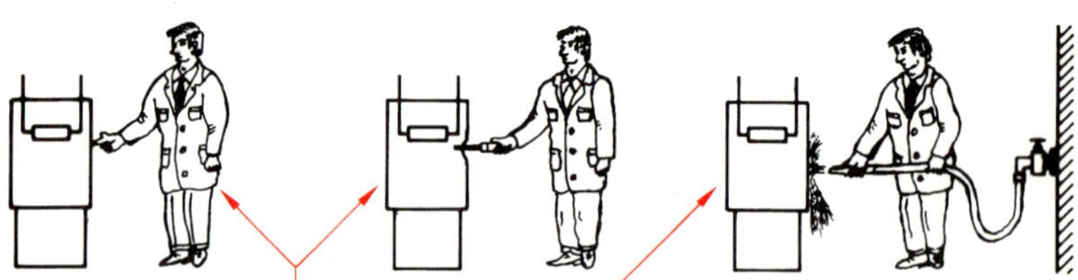

Kennzeichnung: **IP XX**

2. Ziffer kennzeichnet den Schutz gegen das Eindringen von Wasser.
1. Ziffer kennzeichnet den Berührungs- und Fremdkörperschutz.

2 Festgelegte Begriffe (Auswahl)
Umhüllung – Abdeckung – Hindernis

DIN VDE 0100
Teil 200

Worin besteht der Unterschied zwischen Umhüllung, Abdeckung und Hindernis?

Umhüllung

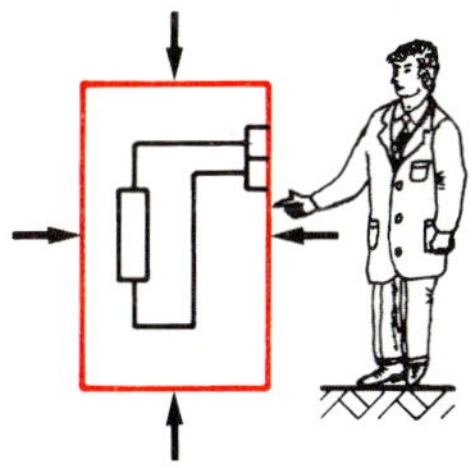

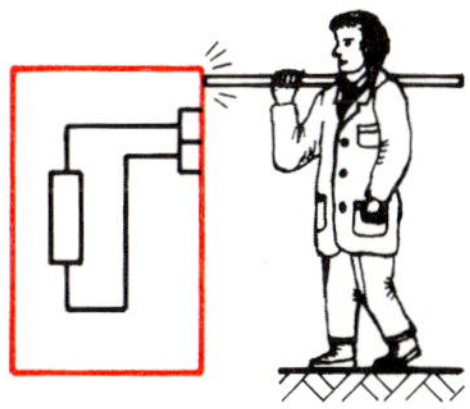

Eine Umhüllung schützt gegen direktes Berühren in allen Richtungen **und** gegen bestimmte äußere Einflüsse.

Abdeckung

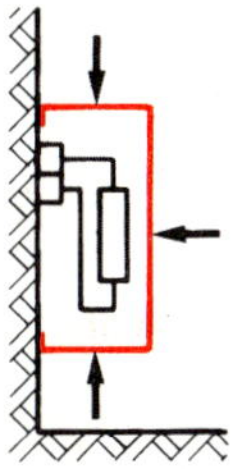

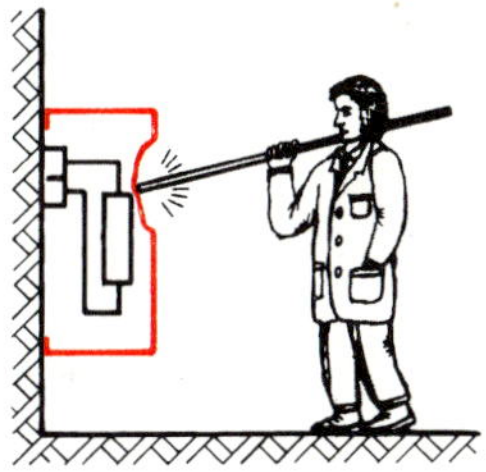

Eine Abdeckung schützt gegen direktes Berühren aus allen Richtungen, aber **nicht** gegen bestimmte äußere Einflüsse.

Hindernis

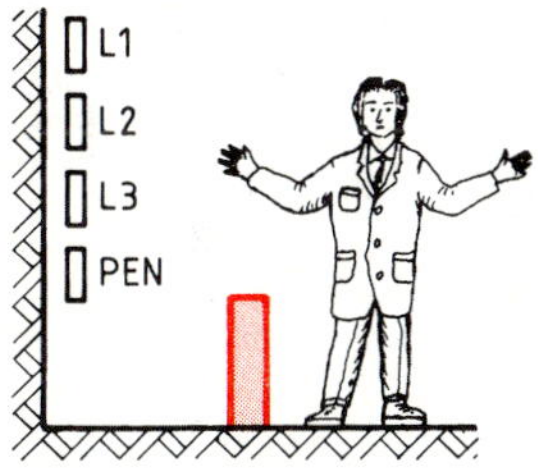

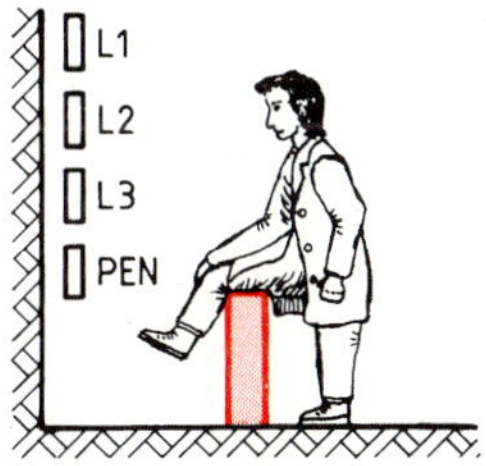

Ein Hindernis verhindert ein unbeabsichtigtes direktes Berühren, **aber nicht** ein beabsichtigtes direktes Berühren.

Welche Merkmale hat ein TN-System?

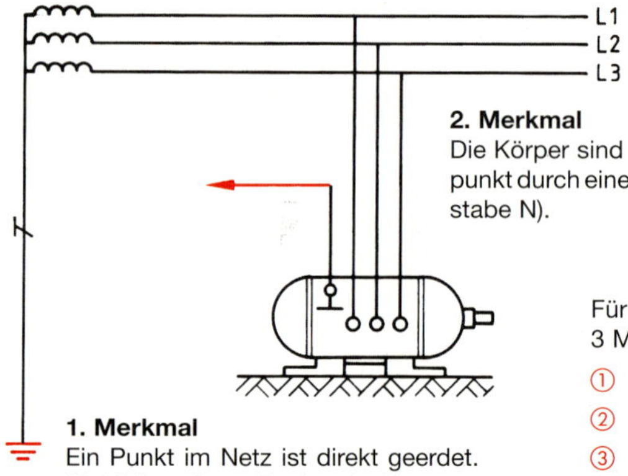

2. Merkmal
Die Körper sind mit dem geerdeten Netzpunkt durch einen Leiter verbunden (Buchstabe N).

1. Merkmal
Ein Punkt im Netz ist direkt geerdet. (Betriebserdung: Buchstabe T).

Für diese Verbindung gibt es 3 Möglichkeiten:

① TN-S-System
② TN-C-System
③ TN-C-S-System

Welche Merkmale hat ein TN-S-System?

Welche Merkmale hat ein TN-C-System?

① TN-**S**-System

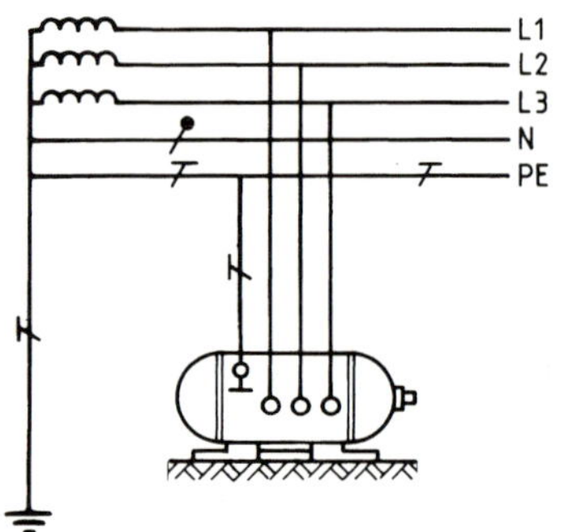

Im gesamten Netz sind Neutralleiter und Schutzleiter getrennt.

② TN-**C**-System

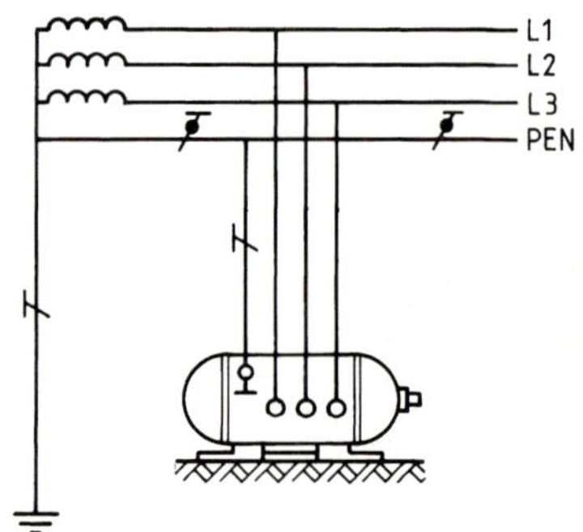

Im gesamten Netz hat **ein** Leiter (PEN) die Neutralleiter- und die Schutzleiterfunktion.

Welche Merkmale hat ein TN-C-S-System?

③ TN-**C**-**S**-System

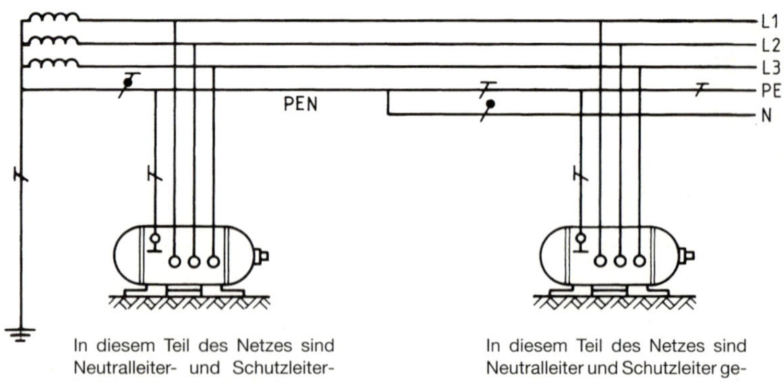

In diesem Teil des Netzes sind Neutralleiter- und Schutzleiterfunktionen zusammengefasst.

In diesem Teil des Netzes sind Neutralleiter und Schutzleiter getrennt.

TT-System | **IT-System**

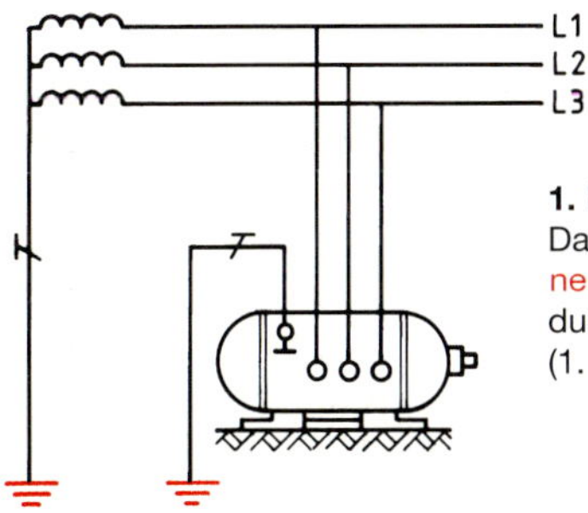

1. Merkmal
Das Netz hat keine direkte Verbindung zu Erdern.
(1. Buchstabe I)

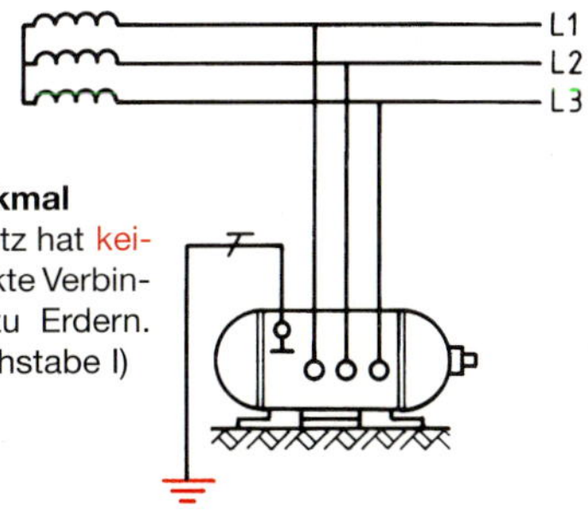

1. Merkmal
Das Netz ist betriebsmäßig geerdet.
(1. Buchstabe T)

2. Merkmal
Die Körper sind mit Erdern verbunden, die vom Betriebserder getrennt sind.
(2. Buchstabe T)

2. Merkmal
Die Körper sind geerdet.
(2. Buchstabe T)

Welche Merkmale hat ein TT-System?

Welche Merkmale hat ein IT-System?

TN-C-System

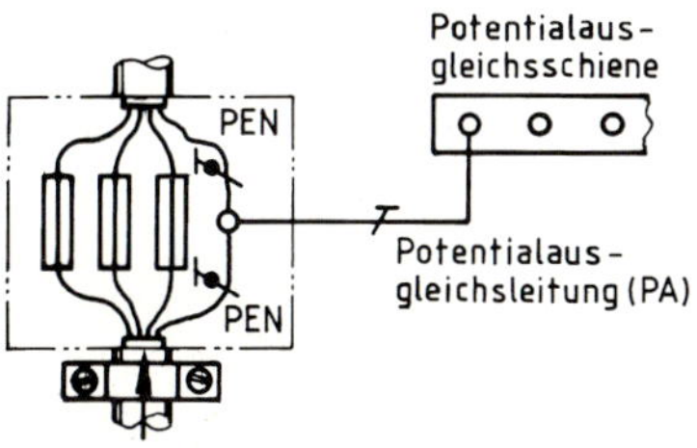

TN-C-S-System

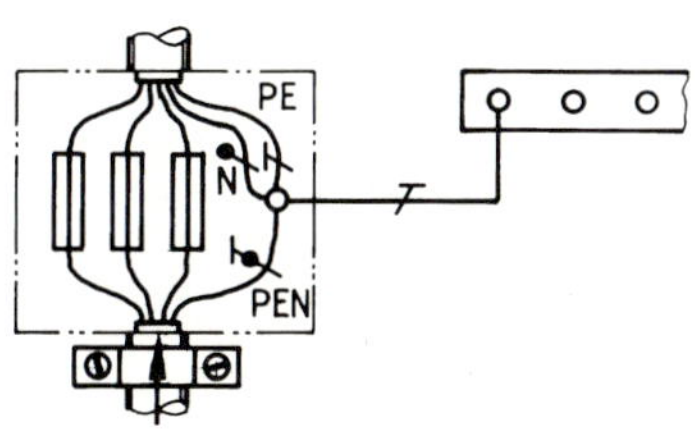

TT-System mit **getrennt** verlegtem Schutzleiter

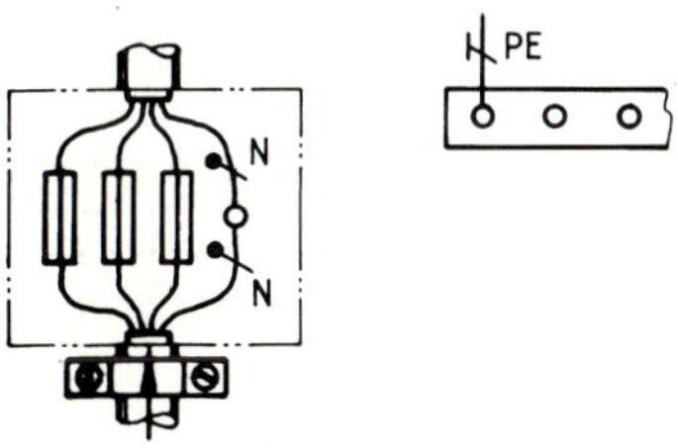

TT- System mit Schutzleiter in **gemeinsamer** Umhüllung

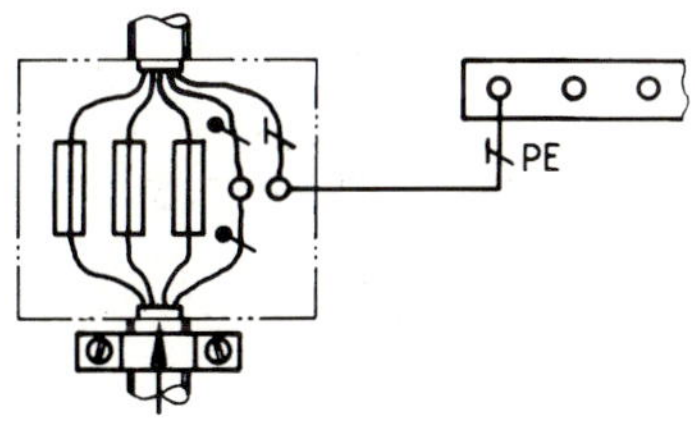

IT-Systeme kommen bei Hausanschlüssen nicht vor.

Systeme im Hausanschluss!

Die verwendeten Buchstaben sind von englischen und französischen Wörtern abgeleitet:

T – von franz. **T**erre (Erde)
I – von engl. **I**solation
N – von engl. **N**eutral
S – von engl. **S**eparated (getrennt)
C – von engl. **C**ombined (verbunden)

P – von engl. **P**rotection (Schutz)
E – von engl. **E**arth (Erde)

PEN → **P**rotecion-**E**arth-**N**eutral-**L**eiter
PE → **P**rotection-**E**arth-**L**eiter

Woher kommen die Buchstaben in der System-Kennzeichnung?

4 Fehlerschleifen
Fehlerschleife im TN-S-System und im TN-C-System

Was versteht man unter einer Fehlerschleife und unter Schleifenwiderstand (Schleifenimpedanz)?

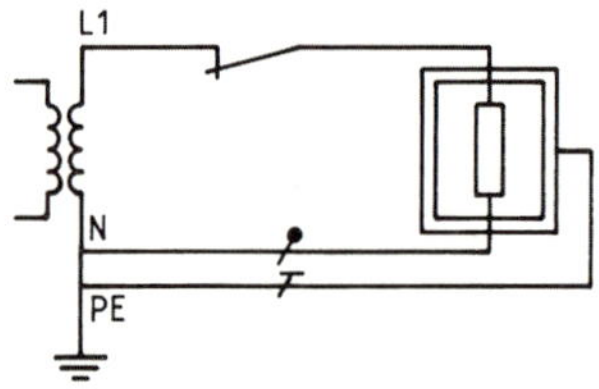

„Gesunder Stromkreis“

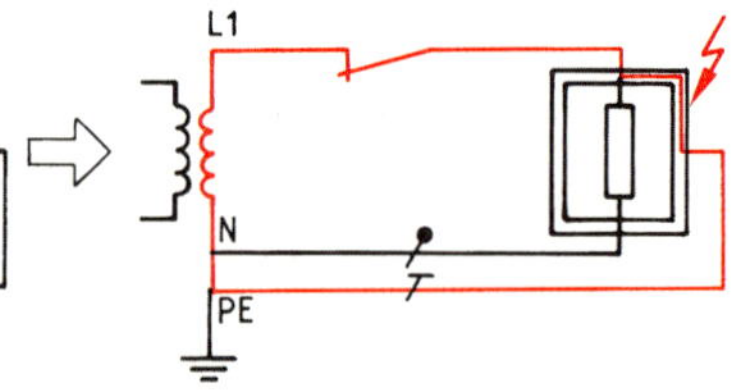

Der Stromweg, der durch einen Isolationsfehler entsteht, heißt **Fehlerschleife**.

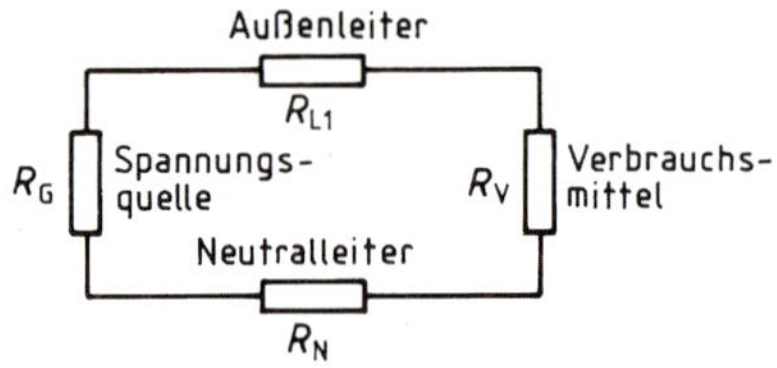

Widerstands-Ersatz-Schaltung

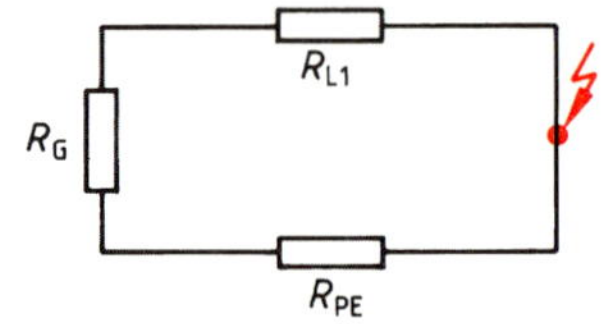

Der Schleifenwiderstand ist der Gesamtwiderstand der Fehlerschleife. Werden Wechselstromwiderstände größenmäßig bedeutsam, so muss mit den Scheinwiderständen gerechnet werden (Schleifenimpedanz).

Fehlerschleife in einem TN-S-System

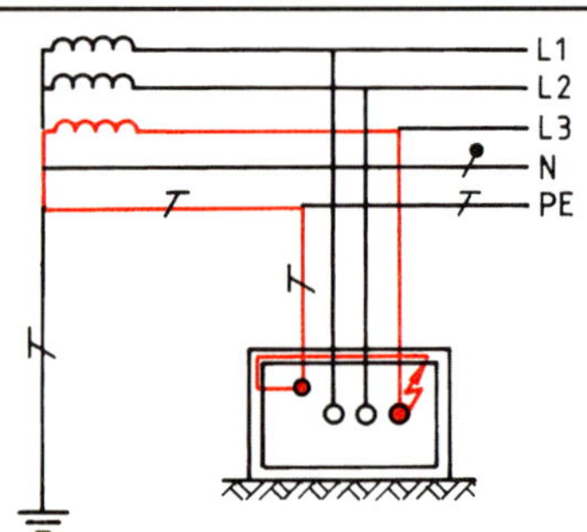

Fehlerschleife bei einem Isolationsfehler zwischen L3 und einem Körper

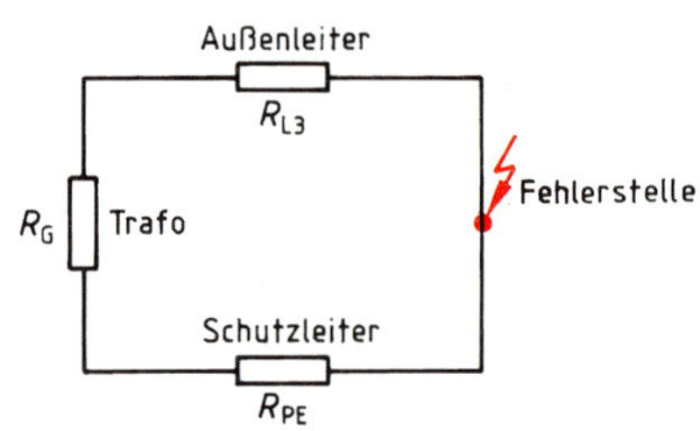

Widerstands-Ersatzschaltung der Fehlerschleife

Schleifenwiderstand:

$R_{schl.} = R_G + R_{L3} + R_{PE}$
$(Z_{schl.} = Z_G + Z_{L3} + Z_{PE})$

Fehlerschleife in einem TN-C-System

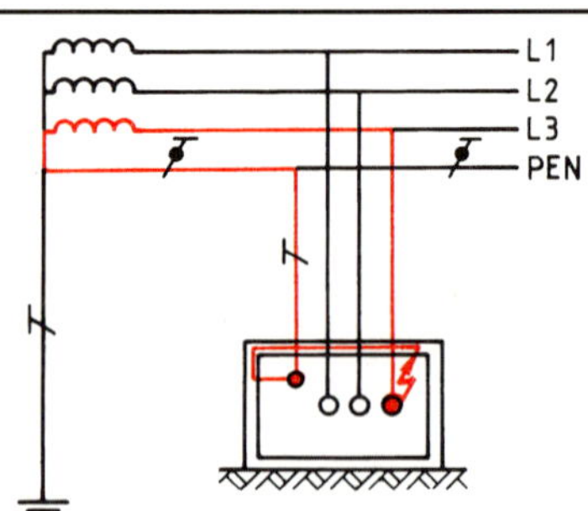

Fehlerschleife bei einem Isolationsfehler zwischen L3 und einem Körper

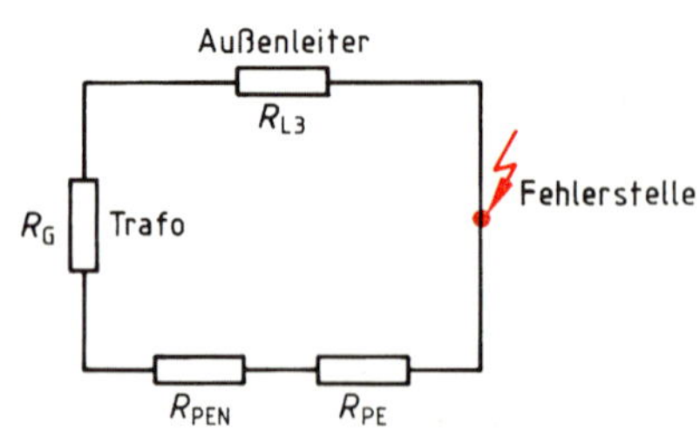

Widerstands-Ersatzschaltung der Fehlerschleife

Schleifenwiderstand:

$R_{schl.} = R_G + R_{L3} + R_{PE} + R_{PEN}$
$(Z_{schl.} = Z_G + Z_{L3} + Z_{PE} + Z_{PEN})$

Fehlerschleife im TN-C-S-System, im TT-System und im IT-System

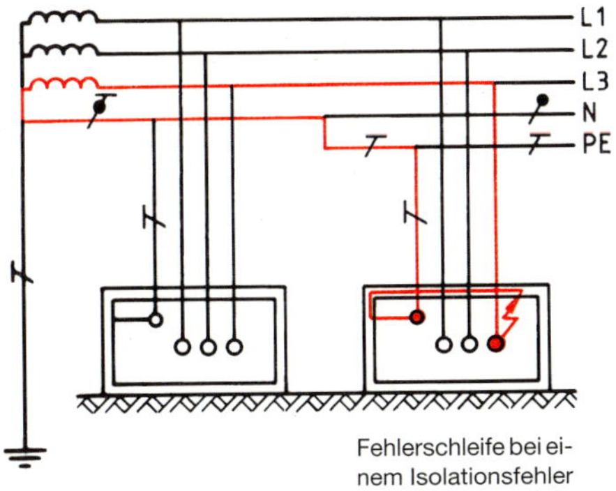

Fehlerschleife bei einem Isolationsfehler zwischen L3 und einem Körper

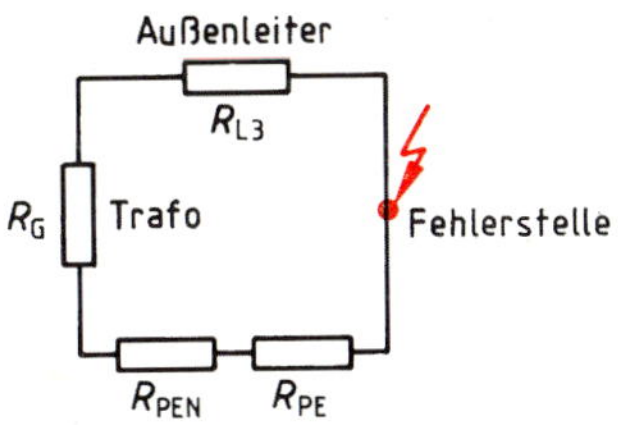

Widerstands-Ersatzschaltung

Schleifenwiderstand:

$R_{schl.} = R_G + R_{L3} + R_{PE} + R_{PEN}$
$(Z_{schl.} = Z_G + Z_{L3} + Z_{PE} + Z_{PEN})$

Fehlerschleife in einem TN-C-S-System

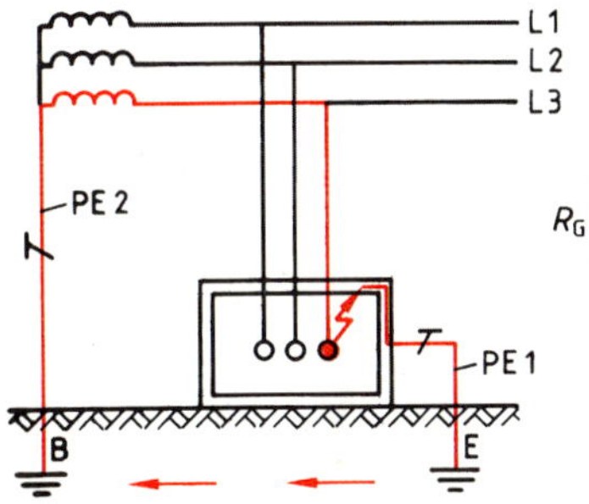

Fehlerschleife bei einem Isolationsfehler zwischen L3 und einem Körper

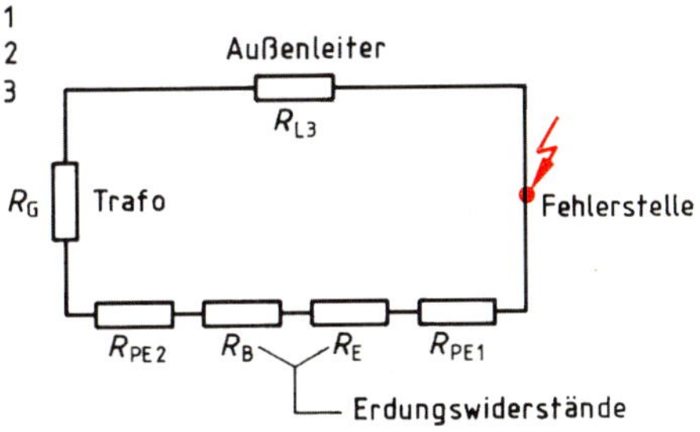

Schleifenwiderstand:

$R_{schl.} = R_G + R_{L3} + R_{PE1} + R_E + R_B + R_{PE2}$
$(Z_{schl.} = Z_G + Z_{L3} + Z_{PE1} + Z_E + Z_B + Z_{PE2})$

Fehlerschleife in einem TT-System

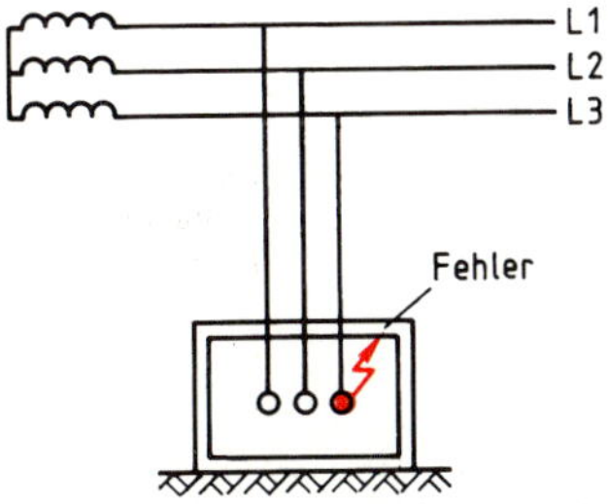

Fehler zwischen L3 und einem Körper

Eine Fehlerschleife entsteht erst, wenn ein weiterer Fehler eintritt (z. B. zwischen L2 und Erde).

Fehlerschleife in einem IT-System

Berührungsspannungen in TN-Systemen

Welche Folgen hat ein Schutzleiterbruch in der Verbrauchsmittelzuleitung in einem TN-S-System?

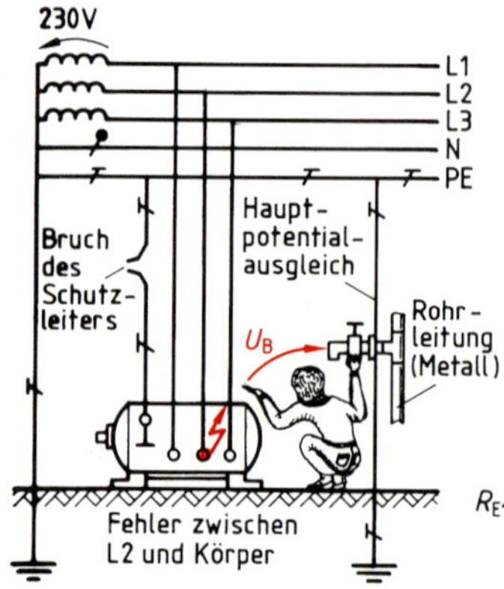

Berührungsspannung ist die Spannung zwischen Außenleiter und Schutzleiter (Phasenspannung).

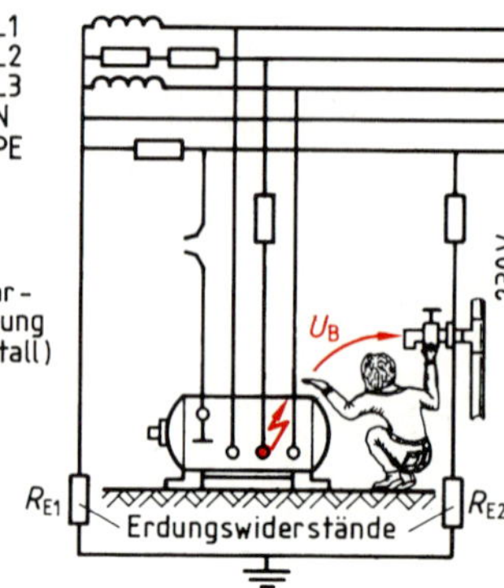

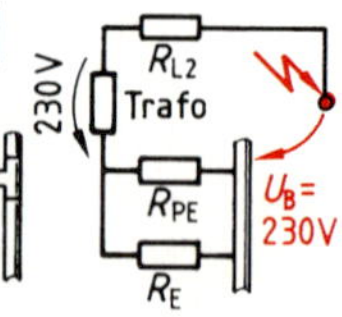

Fehlerschleife mit zusammengefassten Widerständen.

Widerstände in der offenen Fehlerschleife: Im Verhältnis zum Körperwiderstand des Menschen sind alle anderen Widerstände niederohmig.

Welche Folgen hat ein Schutzleiterbruch in der Verbrauchsmittelzuleitung in einem TN-C-System?

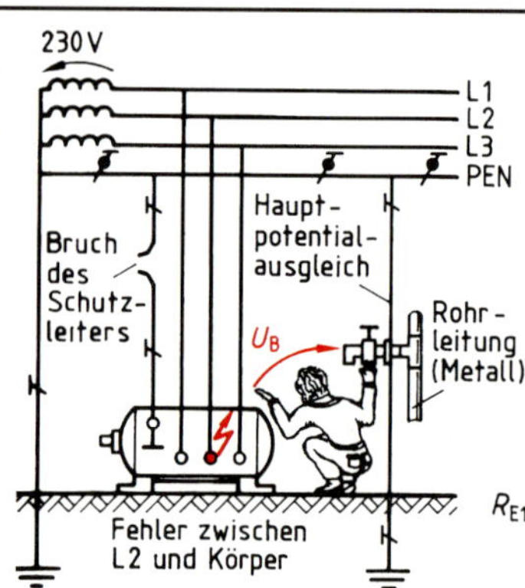

Berührungsspannung ist die Spannung zwischen Außenleiter und Schutzleiter (Phasenspannung).

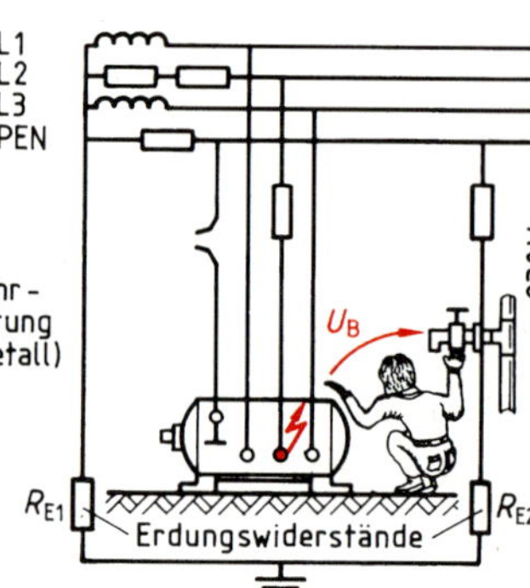

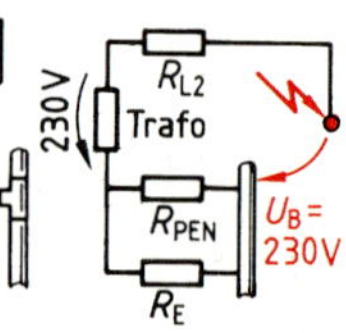

Fehlerschleife mit zusammengefassten Widerständen.

Widerstände in der offenen Fehlerschleife: Im Verhältnis zum Körperwiderstand des Menschen sind alle anderen Widerstände niederohmig.

Welche Folgen hat ein Schutzleiterbruch in der Hauptzuleitung in TN-Systemen bei fehlenden Hauptpotentialausgleich?

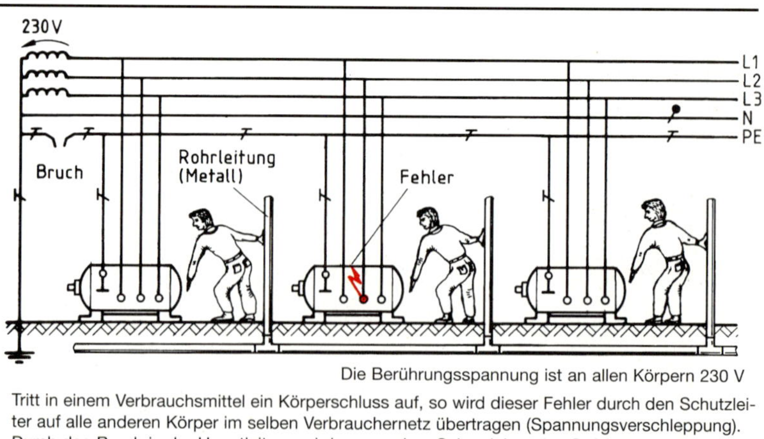

Die Berührungsspannung ist an allen Körpern 230 V

Tritt in einem Verbrauchsmittel ein Körperschluss auf, so wird dieser Fehler durch den Schutzleiter auf alle anderen Körper im selben Verbrauchernetz übertragen (Spannungsverschleppung). Durch den Bruch in der Hauptleitung wird so aus dem Schutzleiter ein „Gefährdungsleiter“!

Berührungsspannungen in TN-Systemen

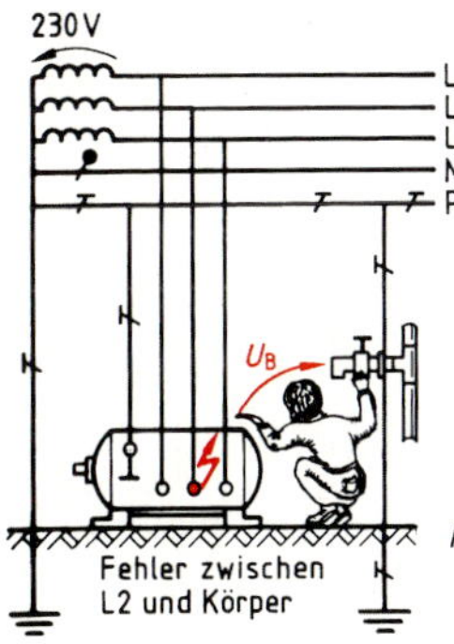

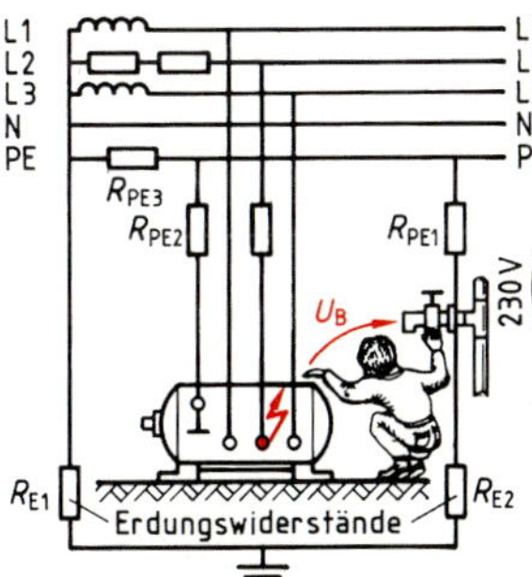

Widerstände in der geschlossenen Fehlerschleife.

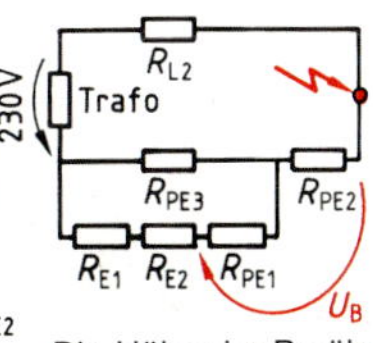

Die Höhe der Berührungsspannung hängt von den Leiterquerschnitten ab. Je größer die Schutzleiterquerschnitte sind, um so kleiner ist die Berührungsspannung!

Wie hoch ist die Berührungsspannung im TN-S-System, wenn im Fehlerfall nicht abgeschaltet wird?

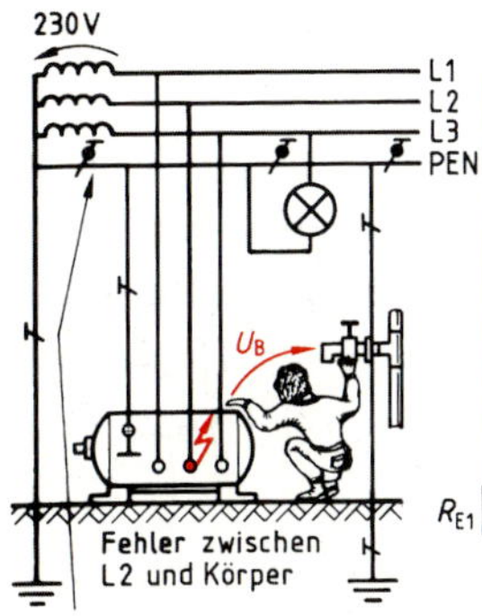

In diesem Teil des PEN-Leiters fließt sowohl der Fehlerstrom als auch der Strom des einphasigen Verbrauchsmittels. Diese Ströme sind gegeneinander phasenverschoben.

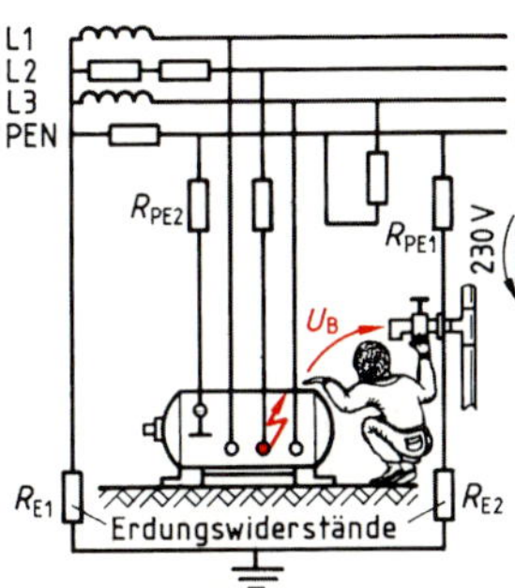

Widerstände in der geschlossenen Fehlerschleife

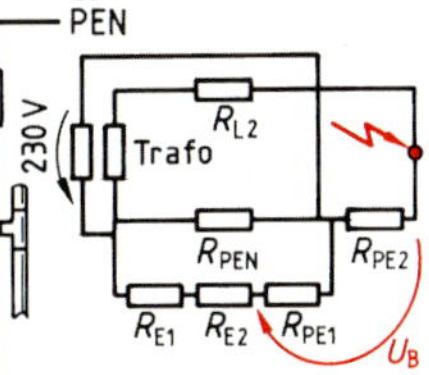

Die Höhe der Berührungsspannung hängt von den Leiterquerschnitten ab. Wegen der Phasenverschiebung der Ströme im PEN-Leiter ist der Spannungsfall am PE_2 größer als im TN-S-Netz!

Wie hoch ist die Berührungsspannung im TN-C-System, wenn im Fehlerfall nicht abgeschaltet wird?

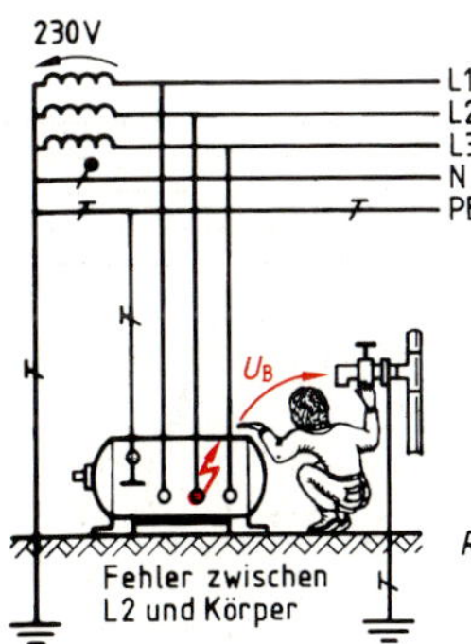

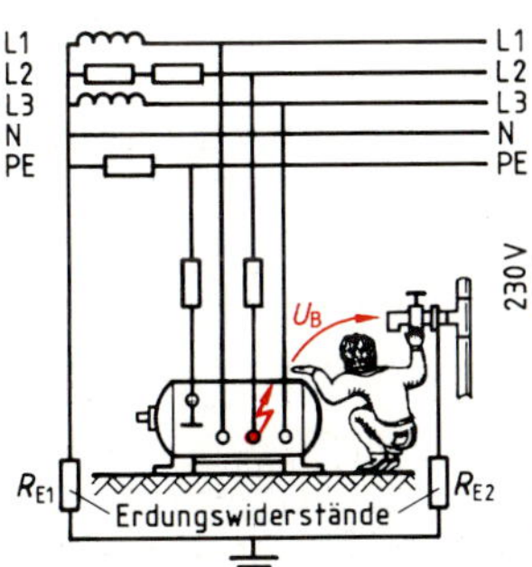

Widerstände in der Fehlerschleife

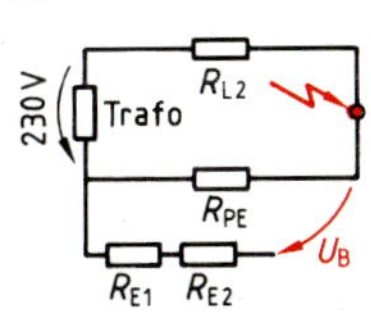

Die Berührungsspannung ist gleich dem Spannungsfall am Schutzleiter. Haben Außenleiter und Schutzleiter gleiche Länge und gleiche Querschnitte, so beträgt die Berührungsspannung 115 V (die Hälfte von 230 V).

Welche Folge hat das Fehlen des Hauptpotentialausgleichs im TN-System?

Berührungsspannungen in TT-Systemen

Wie hoch ist die Berührungsspannung bei fehlendem Potentialausgleich?

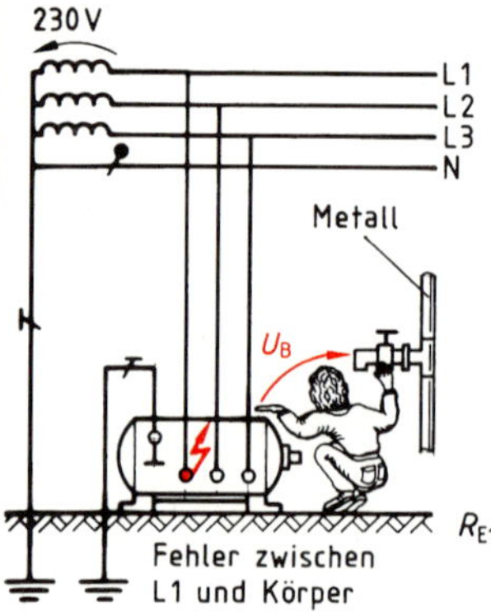

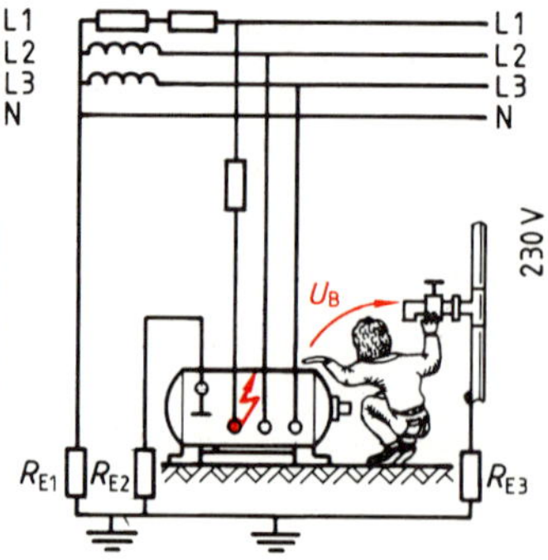

Widerstände in der Fehlerschleife: Im Verhältnis zum Körperwiderstand des Menschen sind alle Widerstände niederohmig.

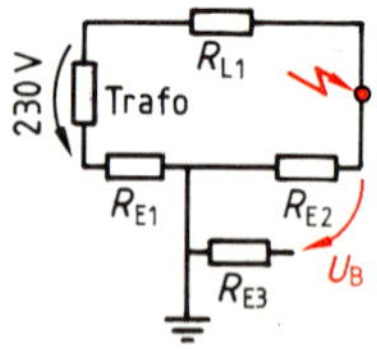

Die Berührungsspannung ist gleich dem Spannungsfall an R_{E2}.

Wie beeinflusst der Potentialausgleich die Fehlerspannung?

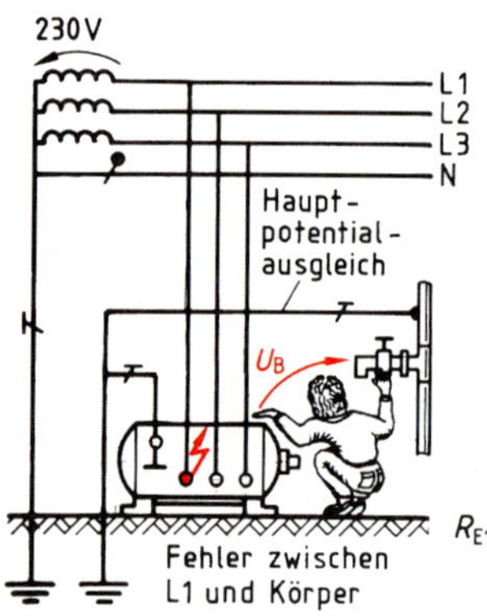

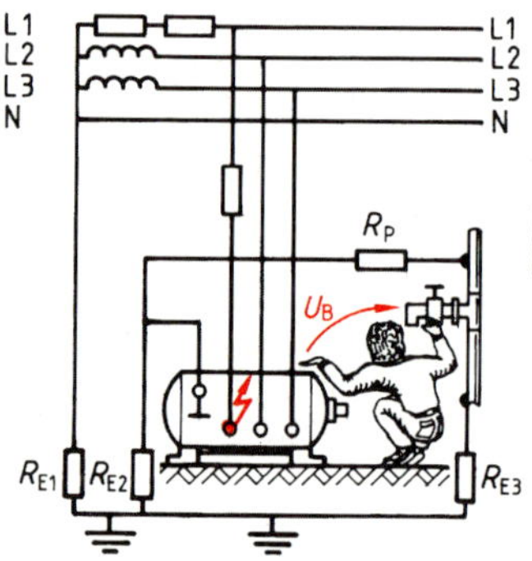

Widerstände in der Fehlerschleife

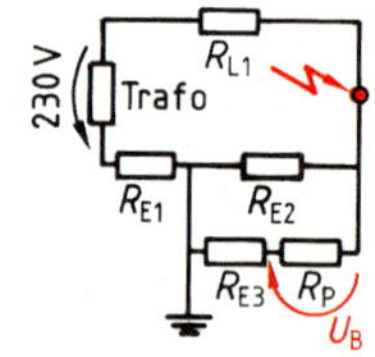

Die Berührungsspannung ist der Spannungsfall am Potentialausgleichsleiter. Sie ist praktisch 0 V.

Wie hoch wird die Berührungsspannung, wenn die Leitung zwischen Körper und Erder unterbrochen ist?

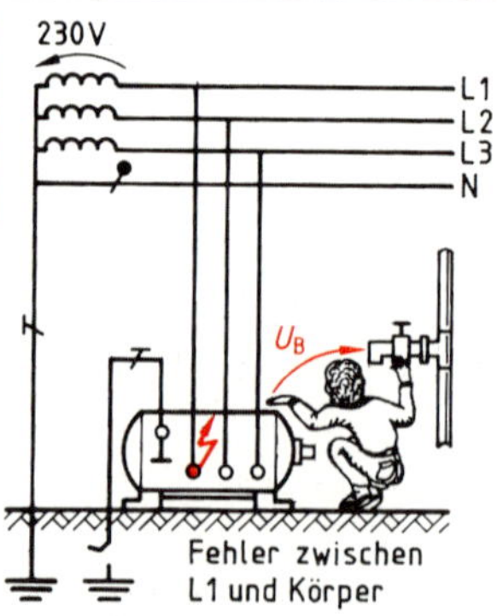

Ohne Potentialausgleich:

Die Berührungsspannung ist gleich der Phasenspannung.

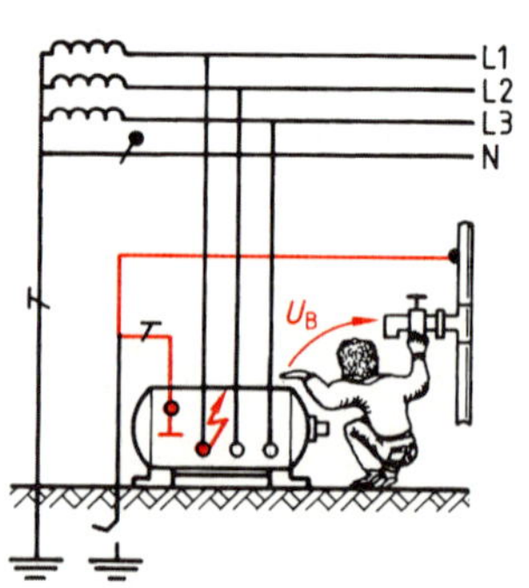

Mit Potentialausgleich:

Der Potentialausgleichsleiter schließt die Berührungsspannung „kurz".

5 Berührungsspannungen
Berührungsspannungen in IT-Systemen

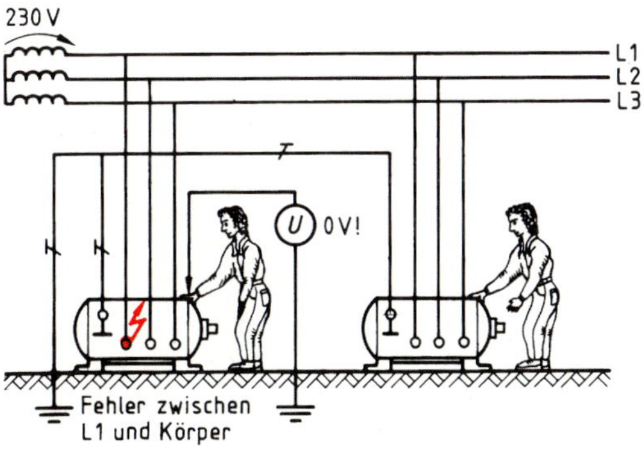

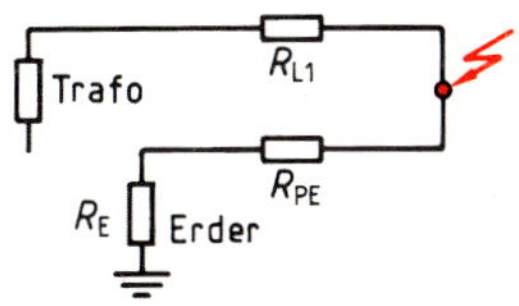

Da kein Netzpunkt geerdet ist, hat kein Außenleiter Spannung zur Erde. Deshalb entsteht auch durch einen Isolationsfehler keine Berührungsspannung.

Wieso entsteht im IT-System bei einem Fehler keine Berührungsspannung?

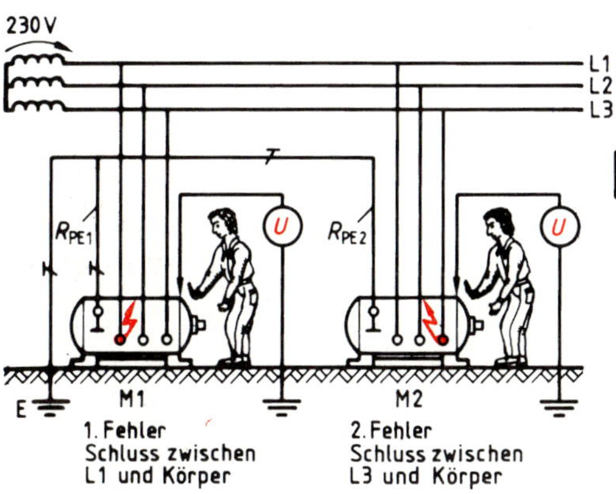

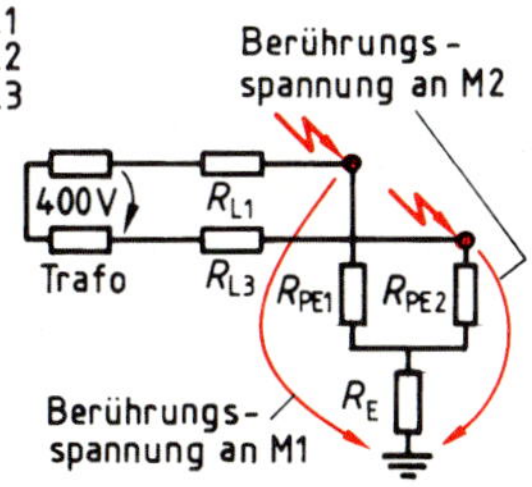

Die Fehlerschleife liegt an der **Leiterspannung** des Netzes. Die Berührungsspannung ist gleich dem Spannungsfall am jeweiligen Schutzleiter.

Welche Berührungsspannungen treten auf, wenn es mit einem 2. Außenleiter zu einem Körperschluss kommt?

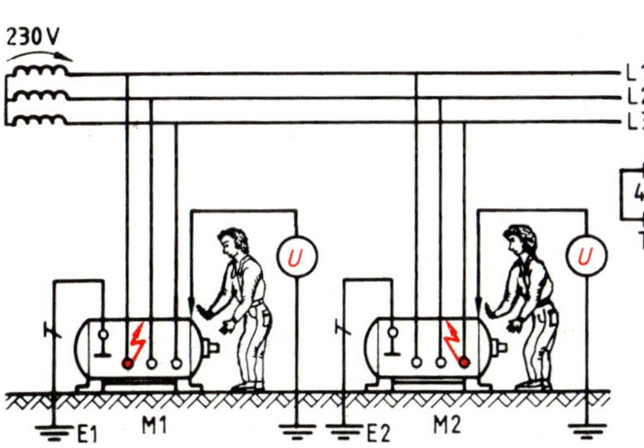

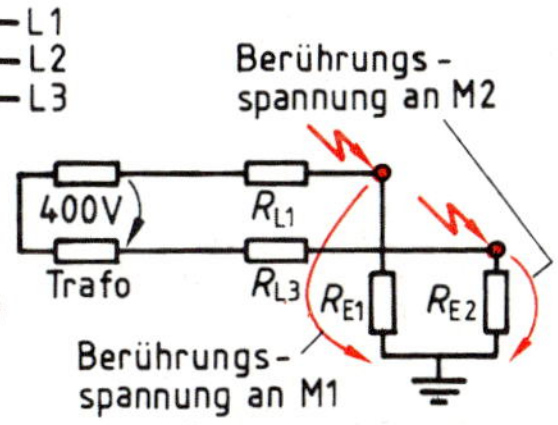

Sind die Erdungswiderstände groß gegenüber den Leitungswiderständen, so sind die Berührungsspannungen hoch.

Welche Berührungsspannungen treten bei einem Doppelfehler auf, wenn jeder Körper geerdet ist?

Welcher Grundsatz gilt beim Schutz gegen direktes Berühren?

Im ungestörten Betriebsfall müssen betriebsführende Teile für einen Menschen unzugänglich sein.

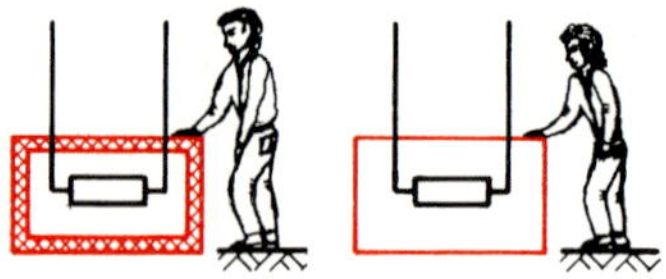

Dies wird erreicht durch: → Isolierung → Abdeckung Umhüllung

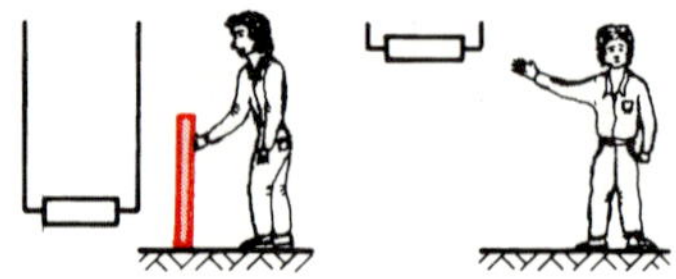

Absichtliches Berühren wird hier nicht verhindert.

Zusätzlich durch: → Hindernisse → Abstand

Wieso kann eine Fehlerstrom-Schutzeinrichtung (RCD) bei direktem Berühren schützen?

Fehlerstrom-Schutzeinrichtung (RCD) mit einem Nennfehlerstrom von ≤ 30 mA

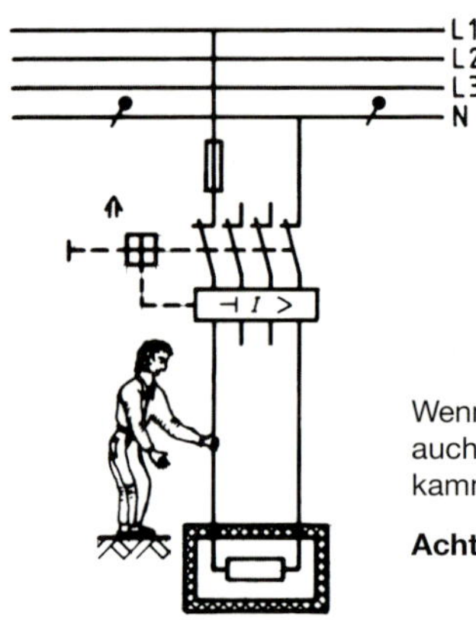

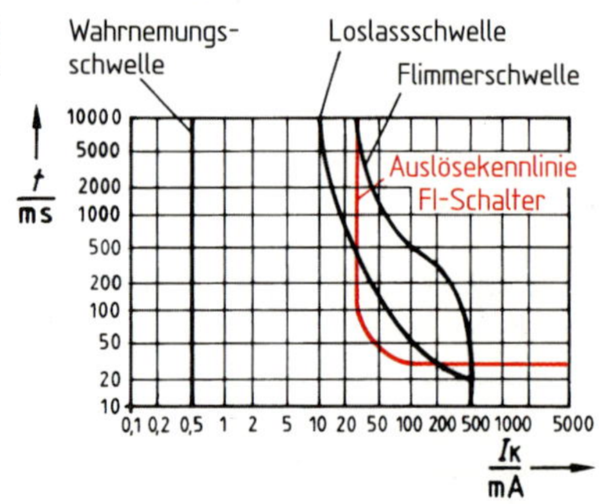

Wenn die Schutzeinrichtung **unter 30 mA** auslöst, ist auch bei direktem Berühren ein Schutz gegen Herzkammerflimmern weitgehend gewährleistet.

Achtung: Die Fehlerstrom-Schutzeinrichtung schützt hier nicht **gegen**, sondern **bei** direktem Berühren.

Welche Regeln gelten für den Schutz durch Abstand?

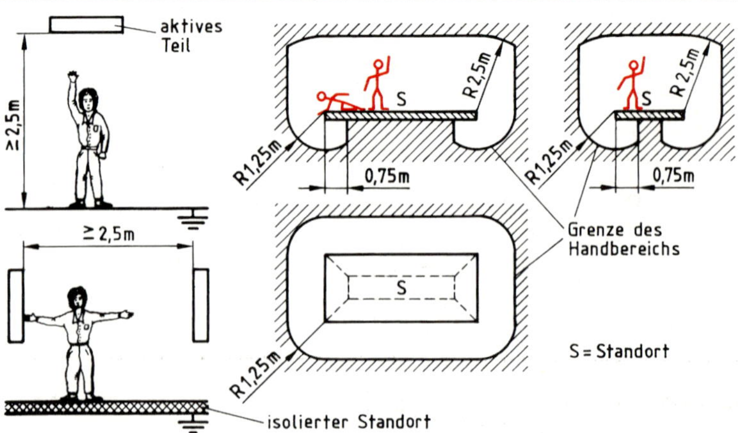

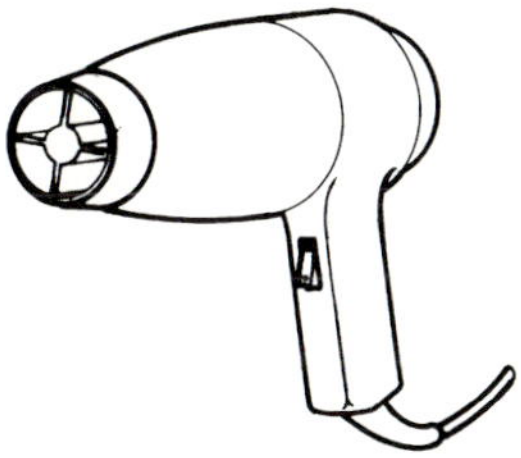

Wie wird der vollständige Schutz gegen direktes Berühren bei Geräten mit lückenhaften Abdeckungen erreicht?

Bei Haartrocknern müssen die Öffnungen in den Gittergeflechten mindestens der Schutzart IP2X entsprechen.

Bei Steckdosen dürfen die Öffnungen nicht größer sein, als für die Steckerstifte notwendig.

Bei leeren Lampenfassungen und bei leeren Unterteilen von Schraubsicherungen gibt es keinen Berührungsschutz.
Zur Minderung der Gefahr darf das Gewinde nie an einen Leiter angeschlossen werden, der Spannung zur Erde führt.

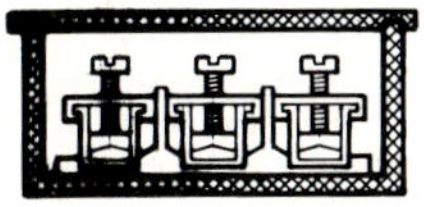

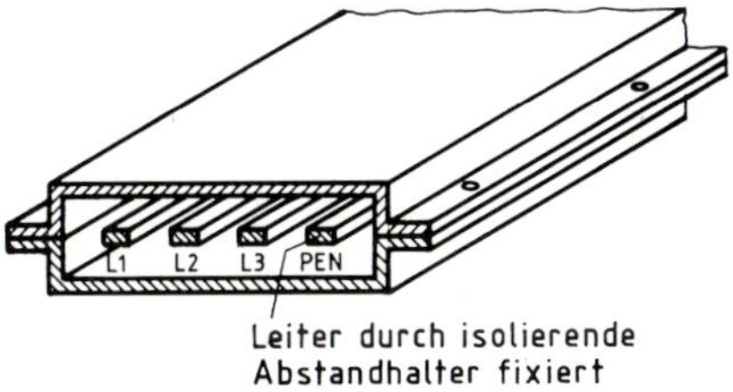

Was ist beim Schutz durch die Abdeckung und Umhüllung zu beachten?

Die Umhüllungen können aus isolierendem oder leitfähigem Material bestehen. Bestehen sie aus leitfähigem Material, so muss sichergestellt sein, dass die aktiven Teile durch isolierende Distanzstücke sicher von der Umhüllung getrennt sind.

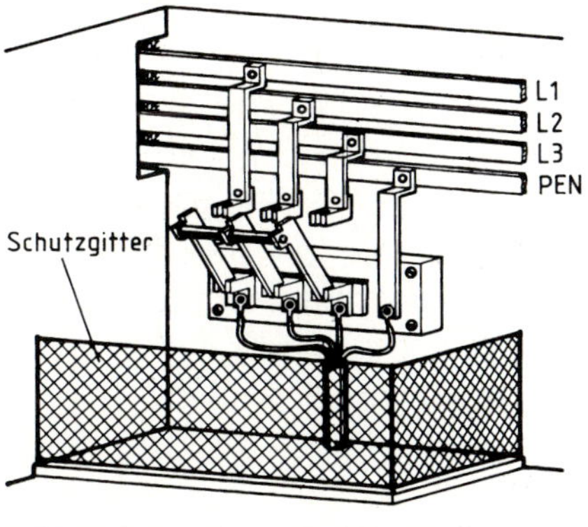

Durch Hindernisse wie Schutzgitter oder Geländer werden die aktiven Teile von begehbaren Räumen abgegrenzt.
Der Abstand zu den aktiven Teilen darf um so kleiner sein, je engmaschiger ein Schutzgitter o. ä. ist.

Wodurch ist der Schutz durch Hindernisse gekennzeichnet?

6.2 Schutz gegen elektrischen Schlag unter Fehlerbedingungen Grundprinzip

DIN VDE 0100 Teil 410

Unter welchen Bedingungen werden die Schutzmaßnahmen wirksam?

Der eigentliche Schutz (der „Hauptschutz") ist der Schutz **gegen** direktes Berühren. Wenn durch einen Fehler dieser Schutz ausfällt und Körper von elektrischen Betriebsmitteln mit aktiven Teilen in Berührung kommen, kommt es zur indirekten Berührung.

Welches gemeinsame Ziel verfolgen alle „Schutzmaßnahmen"?

Alle Schutzmaßnahmen haben das Ziel, **gefährliche** Körperströme zu verhindern. Die Gefährlichkeit hängt von der **Stärke** des Körperstromes und seiner Einwirkungsdauer ab.

Wovon hängt die Stärke des Körperstromes ab?

Die Stärke des Körperstromes hängt von der Höhe der Berührungsspannung ab. Deshalb muss sichergestellt werden, dass im Fehlerfall die Berührungsspannung nicht die zulässigen Grenzwerte (siehe Seite 7) überschreitet oder dass der fehlerhafte Anlagenteil schnell genug abgeschaltet wird, wenn die Berührungsspannung die Grenzwerte überschreitet.

Welche Maßnahmen zielen darauf ab, die Stärke des Körperstromes zu begrenzen?

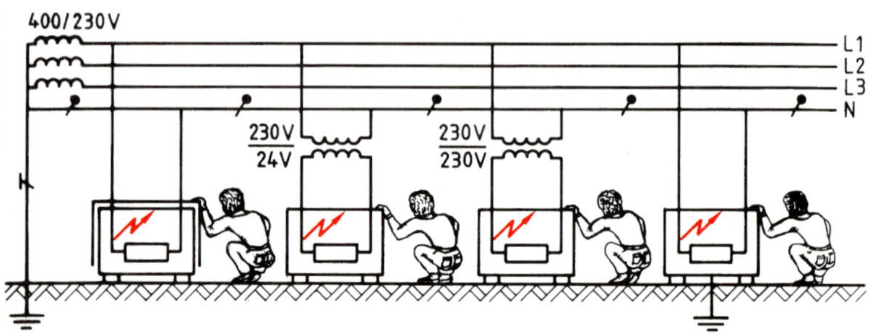

zusätzliche Isolierung — Kleinspannung — Trennung — Erdung

Durch diese Maßnahmen soll im Fehlerfall die Berührungsspannung unterhalb der zulässigen Grenzwerte bleiben.

Welche Maßnahmen zielen darauf ab, die Einwirkungsdauer des Körperstromes zu begrenzen?

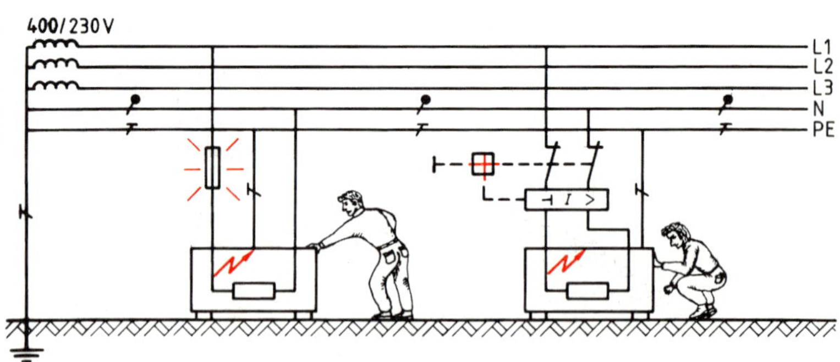

Automatische Abschaltung der Stromversorgung

Abschalten durch Überstromschutzorgane — Abschalten durch besondere Schutzschalter

Welche Stromwege ergeben sich im Fehlerfall bei den Maßnahmen: Schutz durch Abschalten?

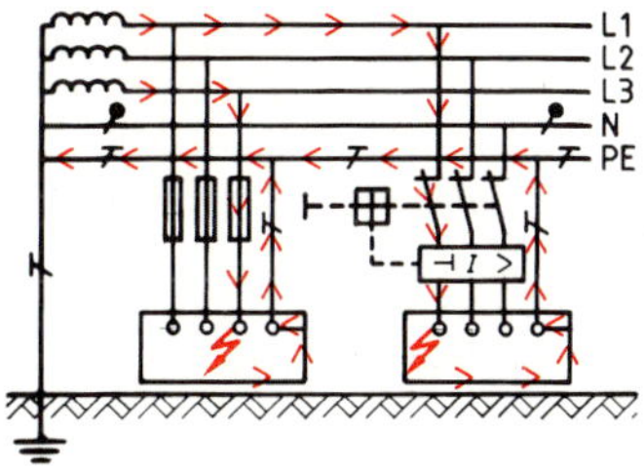

Hier fließt im Fehlerfall der Strom nur über Leitungen.

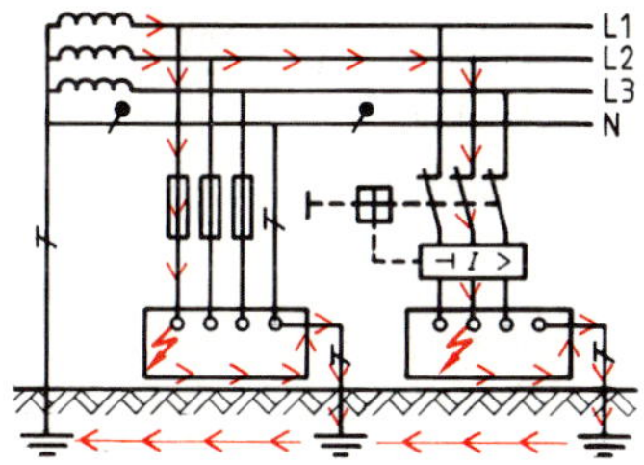

Hier fließt im Fehlerfall der Strom teilweise über die Erde.

Damit abgeschaltet wird, muss der Widerstand der Fehlerschleife entsprechend klein sein.

Wie schnell muss abgeschaltet werden?

Die erlaubten Abschaltzeiten hängen ab:
- von der Spannung gegen Erde
- vom Netzsystem (NT-, TT-, IT)
- von der Art der Schutzeinrichtung (Sicherung oder LS-Schaltung)
- von der Art des Verbrauchsmittels (fest angeschlossen oder ortsveränderlich)

Sie liegen zwischen unverzögert und 5 s.

Welche Fehlerstromstärken müssen zustande kommen, damit Überstromschutzorgane schnell genug abschalten?

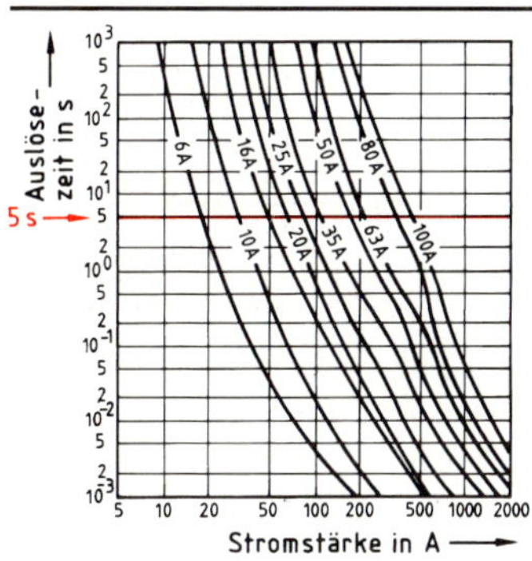

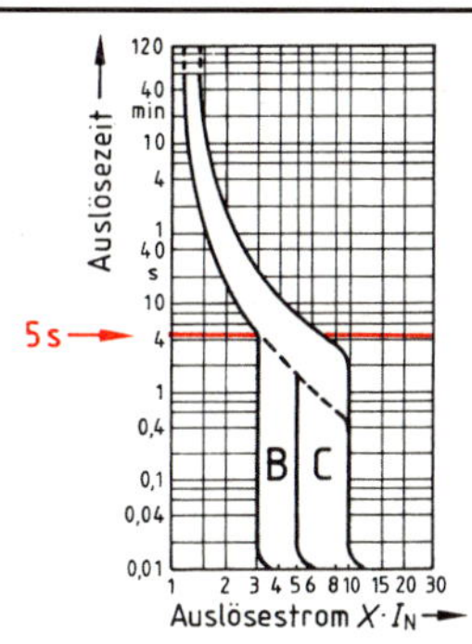

Auslösekennlinien von

a) Schmelzsicherungen und

b) Leitungsschutzschalter

Welche Fehlerstromstärken müssen zustande kommen, damit Schutzschalter schnell genug abschalten?

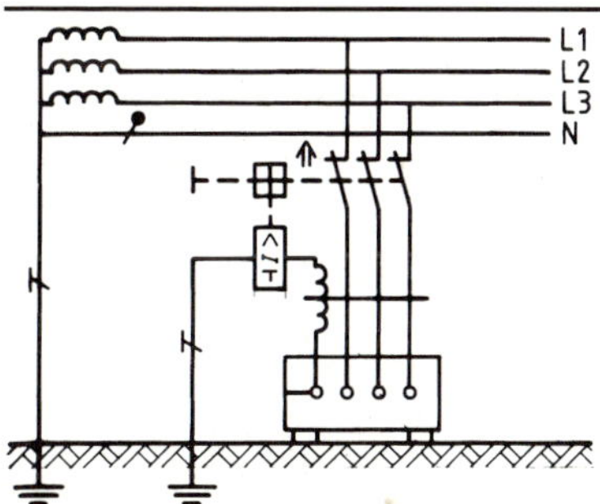

Fehlerstrom-Schutzschalter

Es muss wenigstens der Fehlerstrom zustande kommen, der auf dem Typenschild als Nennfehlerstrom angegeben ist.
Nennfehlerstromstärken:
1 A; 0,5 A; 0,3 A; 0,1 A; 30 mA; 10 mA

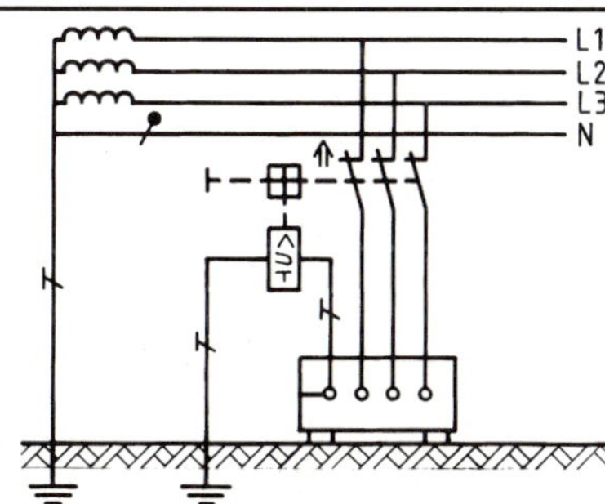

Fehlerspannungs-Schutzschalter

Die Auslösespule ist so ausgelegt, dass nur wenige mA zum Abschalten genügen. Der Schalter muss spätestens beim Erreichen des Grenzwertes der Berührungsspannung auslösen.

Welche Grundidee liegt dem Potentialausgleich zugrunde?

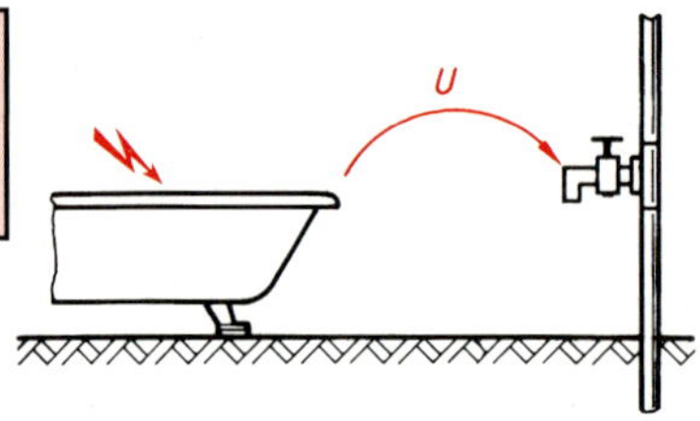

Jeder Gegenstand aus Metall kann im Fehlerfalle Berührung mit einem aktiven Teil einer elektrischen Anlage bekommen. Hierdurch können zwischen gleichzeitig berührbaren Teilen gefährlich hohe Spannungen entstehen.

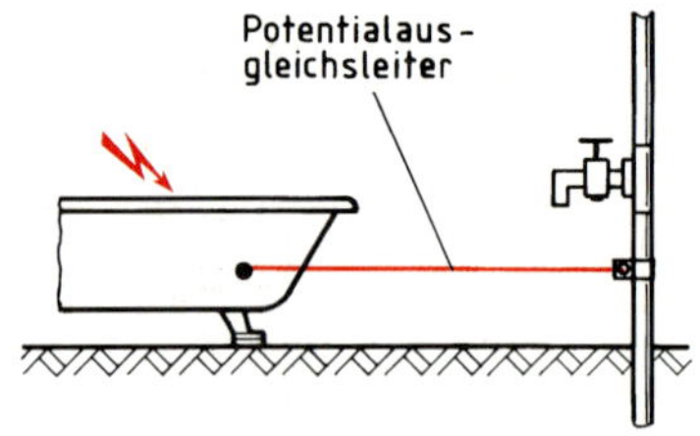

Durch eine leitende Verbindung zwischen den berührbaren leitenden Teilen wird die Spannung kurzgeschlossen.

Verhindert ein Potentialausgleichsleiter unter allen Umständen eine Berührungsspannung?

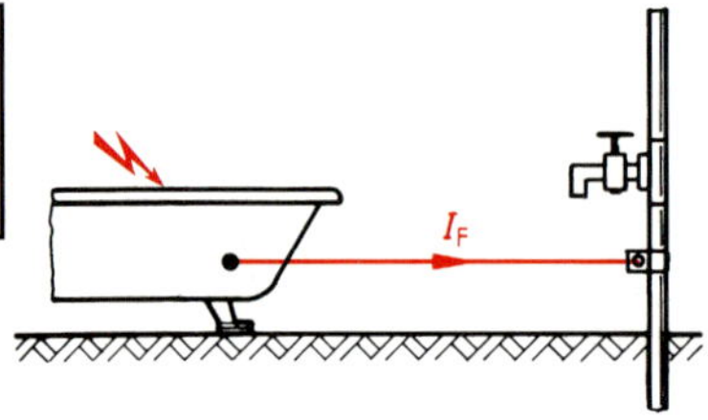

Schließt der Potentialausgleichsleiter eine Spannung kurz, fließt durch diesen Leiter ein Strom.
Dieser Strom heißt Fehlerstrom (I_F).

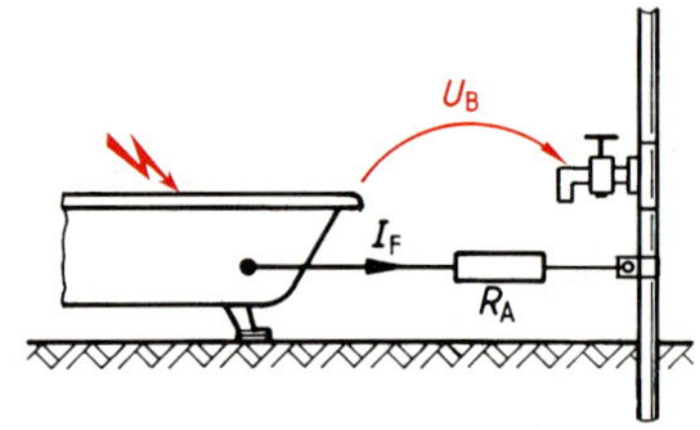

Zwischen den gleichzeitig berührbaren Teilen liegt der Spannungsfall am Widerstand des Ausgleichsleiters. Sein Querschnitt und die Höhe des Fehlerstromes bestimmen die Höhe der Berührungsspannung.

Zwischen welchen Gegenständen wird der Potentialausgleich durchgeführt?

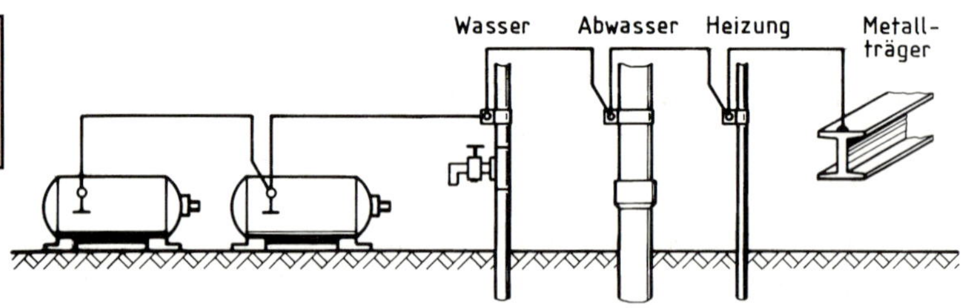

Zwischen Körpern von elektrischen Betriebsmitteln

Zwischen Körpern von elektrischen Betriebsmitteln und fremden leitfähigen Teilen

Zwischen fremden leitfähigen Teilen

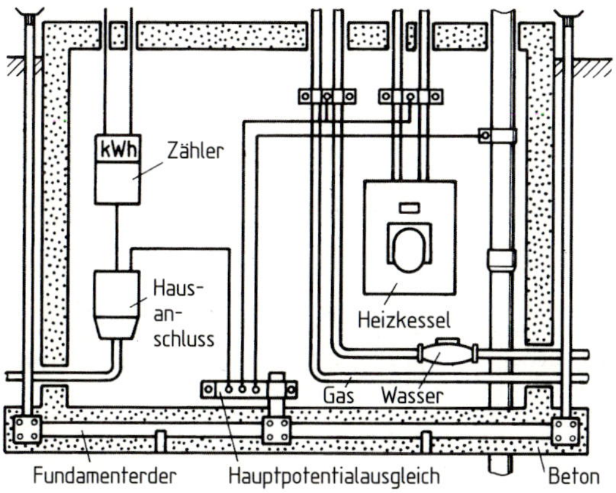

Bei jedem Hausanschluss oder jeder vergleichbaren Versorgungseinrichtung müssen an zentraler Stelle folgende Teile verbunden werden:

Hauptschutzleiter,
Haupterdungsleitung,
Blitzschutzerder,
Hauptwasserrohre,
Hauptgasrohre (wenn nicht isoliert)

und alle anderen metallenen Rohrsysteme und Gebäudekonstruktionen.

Was bedeutet Hauptpotentialausgleich?

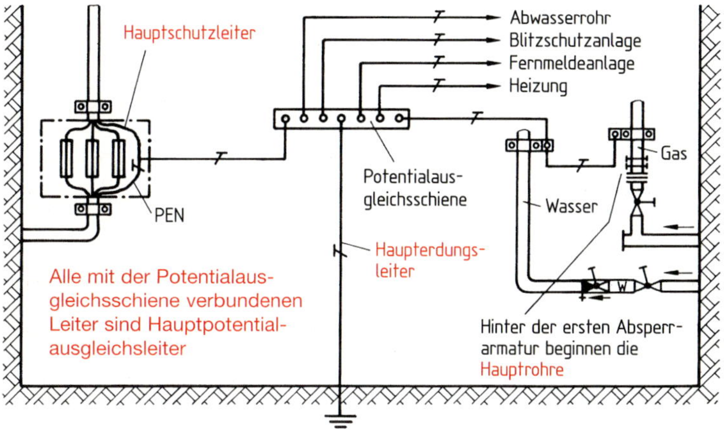

Was sind
Hauptschutzleiter,
Haupterdungsleiter,
Hauptwasserrohr,
Hauptgasrohr,
Hauptpotentialausgleichsleiter?

Der Mindestquerschnitt ist 6 mm² Cu, der Höchstquerschnitt 25 mm² Cu. Leiter aus Aluminium dürfen nicht ungeschützt verlegt werden.

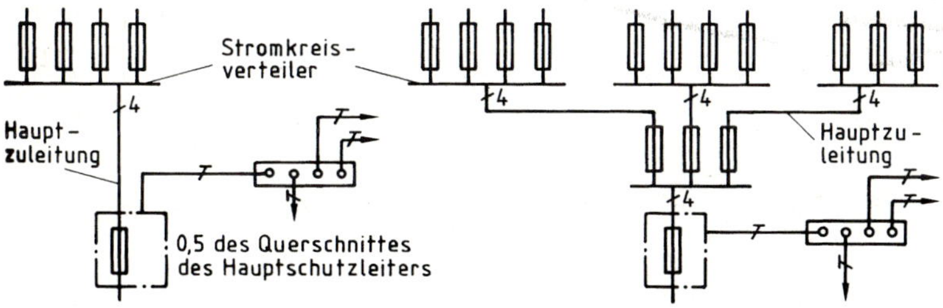

Der Querschnitt der Hauptpotentialausgleichsleiter misst 50 % des Querschnittes des Hauptschutzleiters.
Der Hauptschutzleiter ist der Schutzleiter in der Hauptzuleitung. Hauptzuleitungen sind die Zuleitungen zu den Stromkreisverteilern. Die Potentialausgleichsleiter sind wie Schutzleiter zu kennzeichnen.

Welche Querschnitte müssen die Haupt-Potentialausgleichsleiter haben? Wie sind sie zu kennzeichnen?

Was versteht man unter einem zusätzlichen Potentialausgleich?

Unter zusätzlichem Potentialausgleich versteht man einen Potentialausgleich, der **zusätzlich** zum Hauptpotentialausgleich z. B. in Baderäumen durchgeführt wird.
oder
einen Potentialausgleich in Anlagen, in denen kein Hauptpotentialausgleich vorgesehen ist (z. B. in einem IT-Netz).

Wo muss im Bereich der Schutzleiter-Schutzmaßnahmen ein zusätzlicher Potentialausgleich durchgeführt werden?

Als Ergänzung zu den Schutzleiter-Schutzmaßnahmen muss ein zusätzlicher Potentialausgleich durchgeführt werden

- in Räumen mit erhöhter Gefährdung (Baderäume, Schwimmbäder, landwirtschaftliche Betriebsstätten),
- wenn in einer Anlage oder in einem Teil einer Anlage beim Auftreten eines Körperschlusses nicht schnell genug abgeschaltet wird, weil die Abschaltbedingungen nicht erfüllt werden können.

Wie muss der zusätzliche Potentialausgleich in Räumen mit besonderer Gefährdung durchgeführt werden?

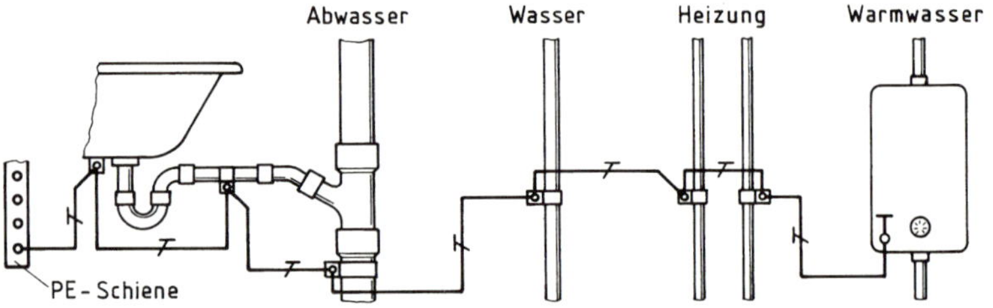

Beispiel
zusätzlicher Potentialausgleich in einem Badezimmer

Beim zusätzlichen Potentialausgleich müssen alle gleichzeitig berührbaren Körper ortsfester Betriebsmittel und alle fremden leitfähigen Teile miteinander leitend verbunden werden.
Der Mindestquerschnitt der Potentialausgleichsleiter beträgt:

4 mm² Cu in Räumen mit Badewannen und Duschen und in Unterrichtsräumen mit Experimentiertischen
6 mm² Cu bei Schwimmbecken
Anstelle von Cu-Leitungen können auch feuerverzinkte Stahlbänder entsprechenden Querschnittes genommen werden.
In landwirtschaftlichen Betriebsstätten müssen feuerverzinkte Stahlbänder oder Rundstähle verwendet werden.

Welche Funktion hat der zusätzliche Potentialausgleich in einem IT-System ?

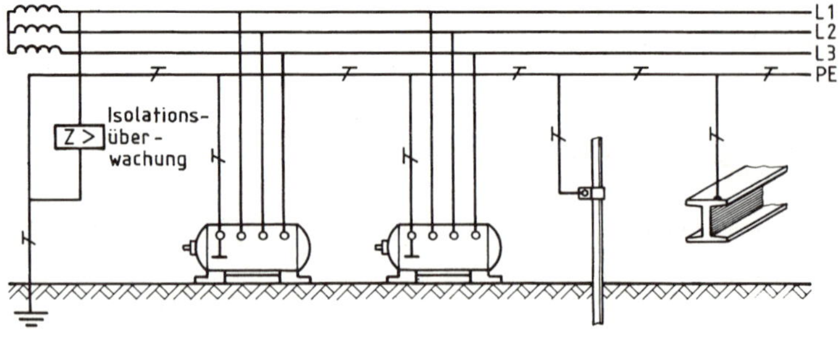

Der Potentialausgleich soll das Bestehenbleiben einer zu hohen Berührungsspannung beim Auftreten von zwei Fehlern verhindern.
Deshalb wird der Potentialausgleichsleiter zum Schutzleiter.

Jeder metallisch leitende Gegenstand, der im Erdboden eingebettet ist und mit ihm in leitender Verbindung steht, gilt als Erder.

Wie ist der Begriff Erder definiert?

---

1. Oberflächenerder
werden als Band oder Seil in 0,5 m – 1 m Tiefe verlegt.

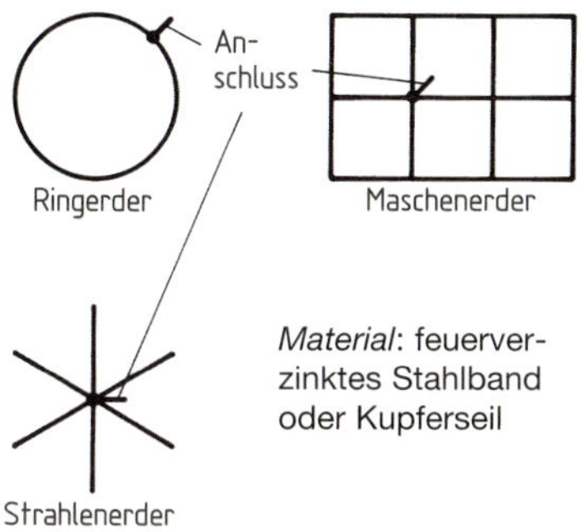

Material: feuerverzinktes Stahlband oder Kupferseil

2. Tiefenerder
werden senkrecht bis in größere Tiefen eingebracht.

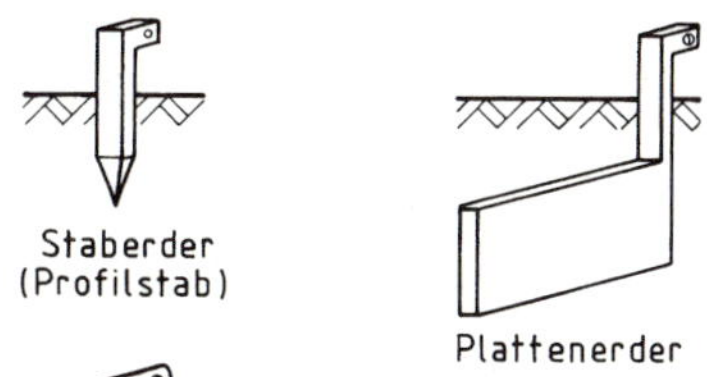

Material: feuerverzinkter Stahl, Stahl mit Kupferauflage, Kupfer

Welche Arten von künstlichen Erdern werden verwendet?

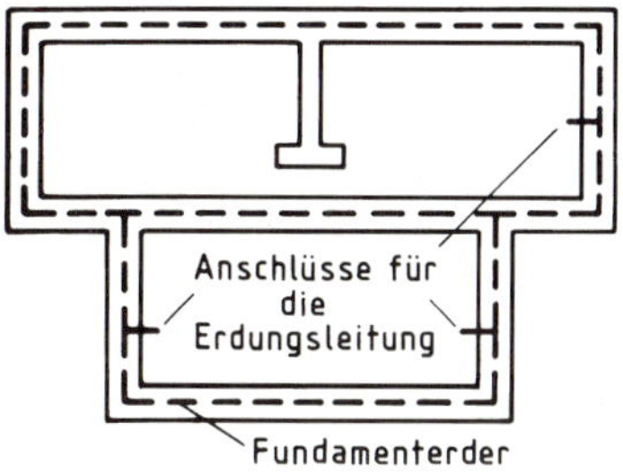

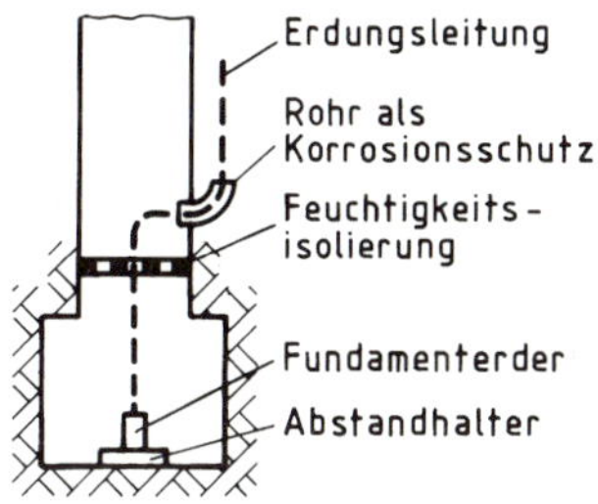

Ein geschlossener Ring aus verzinktem Band- oder Rundstahl wird **unterhalb** der Feuchtigkeitsisolierung in den Beton eingegossen. Der Fundamenterder muss vollständig von Beton umgeben sein. An mindestens zwei Stellen muss der Fundamenterder für Messzwecke zugänglich sein.

Mindestabmessungen:
verzinktes Stahlband 30 mm × 3,5 mm
verzinktes Stahlband 25 mm × 4 mm
verzinkter Rundstahl 10 mm Ø

Wie müssen Fundamenterder verlegt werden?

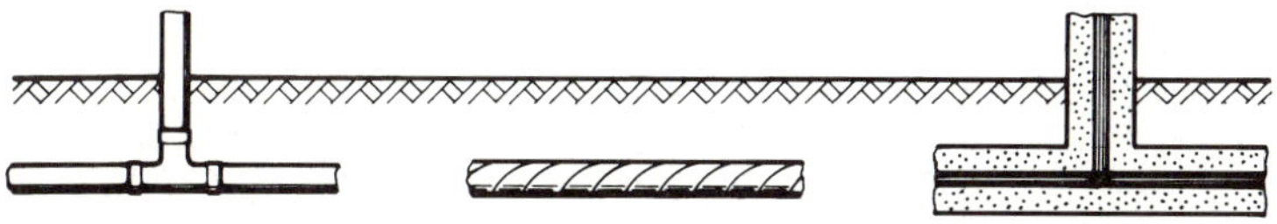

metallene Wasserleitungen — metallene Bewehrungen von Kabeln — Metallbewehrung von Betonfundamenten

Unter natürlichen Erdern versteht man Metallgegenstände, die die gleichen leitenden Eigenschaften wie Erder haben, aber nicht zum Zwecke der Erdung in den Boden eingebettet wurden.

Was versteht man unter natürlichen Erdern?

Unter welchen Bedingungen entstehen Erdströme?

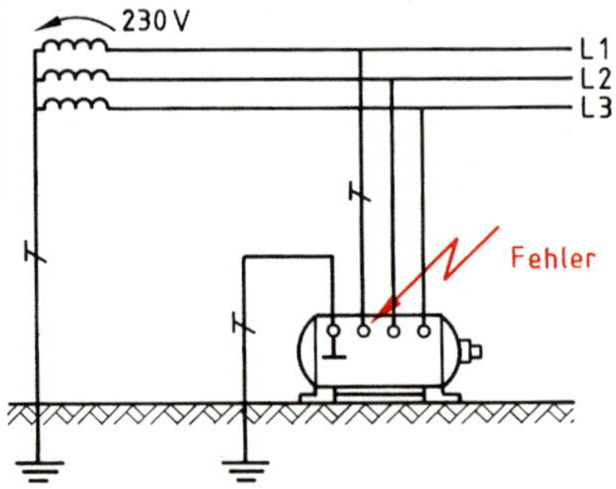

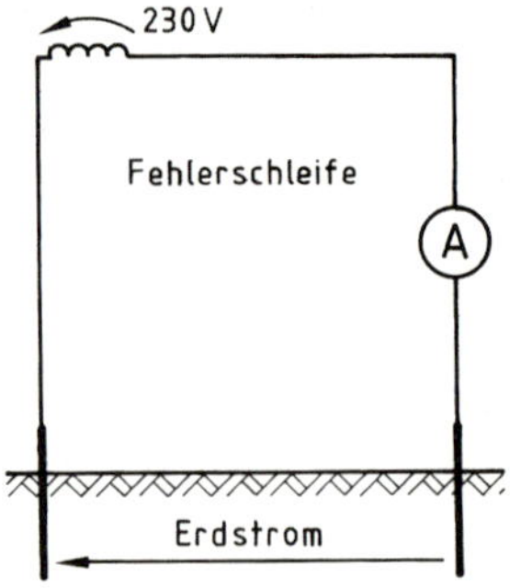

Wenn zwischen zwei Stellen, die leitende Verbindung zum Erdboden haben, eine Spannung anliegt, entsteht ein Erdstrom.
Der Erdboden ist jetzt Teil eines Stromkreises.

Kann man bei auftretenden Erdströmen Spannungsabfälle am Erdboden messen?

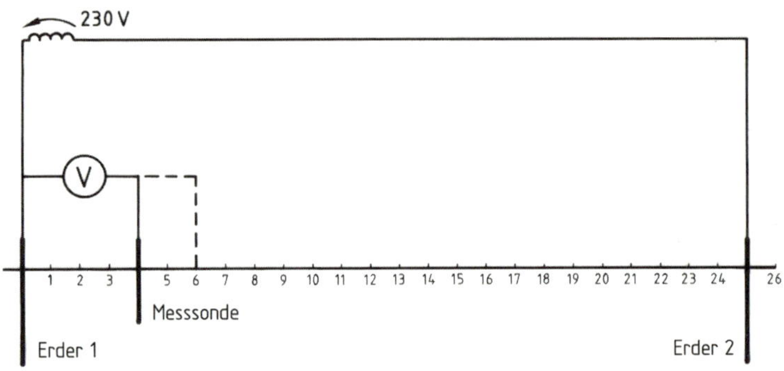

Mit einem Spannungsmesser (hochohmig) und mit Hilfe einer Messsonde kann man den Spannungsfall am Erdboden messen.
Die Messsonde ist ein feuerverzinkter Stahlstab, der etwa 0,5 m tief in den Erdboden gedrückt wird.

Welche Besonderheiten ergeben sich, wenn der Erdboden Teil eines Stromkreises wird?

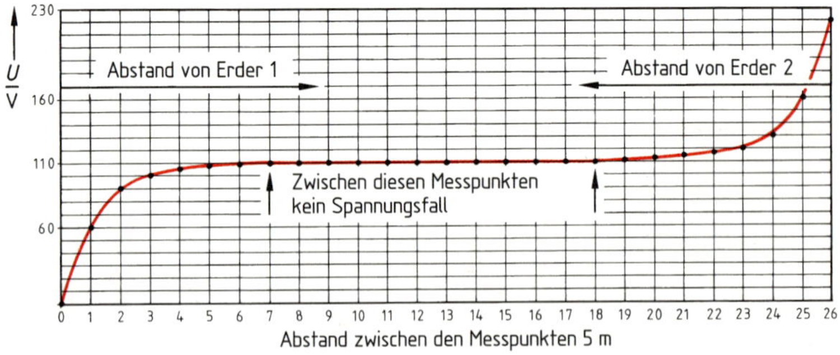

Sind die beiden Erder von gleicher Art, der Erdboden homogen und ist die Entfernung zwischen den Erdern größer als 70 m, dann kann die dargestellte Spannungskurve gemessen werden.

1. Besonderheit: Die Spannungsdifferenz zwischen zwei Messpunkten wird mit zunehmendem Abstand von jedem Erder kleiner.
2. Besonderheit: Es gibt zwischen den Erdern einen Bereich, in dem zwischen zwei Punkten kein Spannungsfall auftritt.

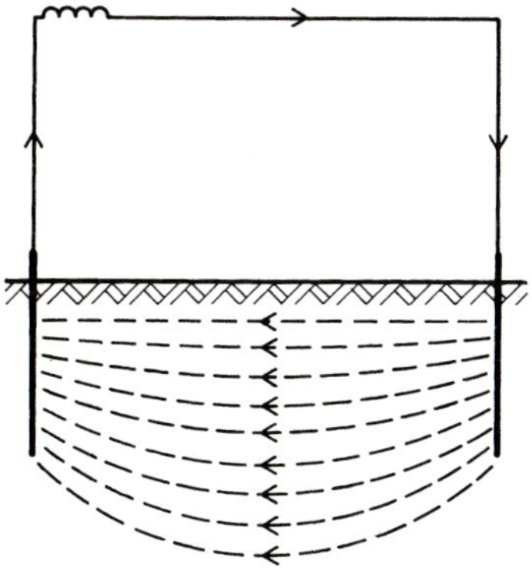

Im unmittelbaren Bereich der Erder ist der „Querschnitt" des leitenden Erdbodens durch die Abmessungen des Erders begrenzt. Mit zunehmender Entfernung von den Erdern wird der Querschnitt des leitenden Erdbodens immer größer und deshalb der Leitungswiderstand immer kleiner.

(Die Stromdichte wird mit zunehmender Entfernung vom Erder kleiner.)

Wie kann man sich die Besonderheiten (Siehe Seite 30) erklären?

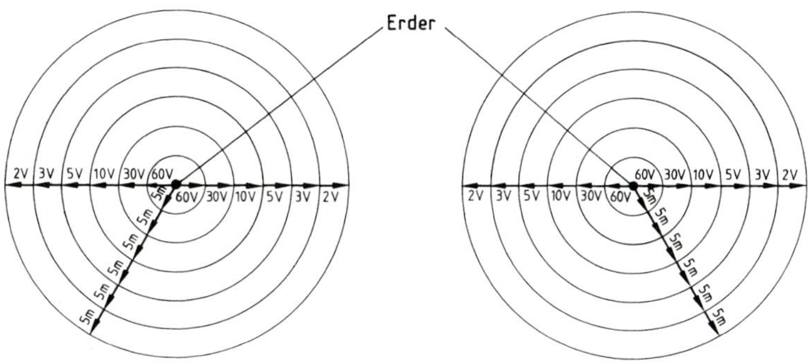

Sind die Spannungsfälle am Erdboden nur zwischen Erdern zu messen?

In gleichem Abstand rund um den Erder kann man die gleiche Spannung messen. Die gezeichneten Kreise sind Linien gleicher Spannung zum Erder.

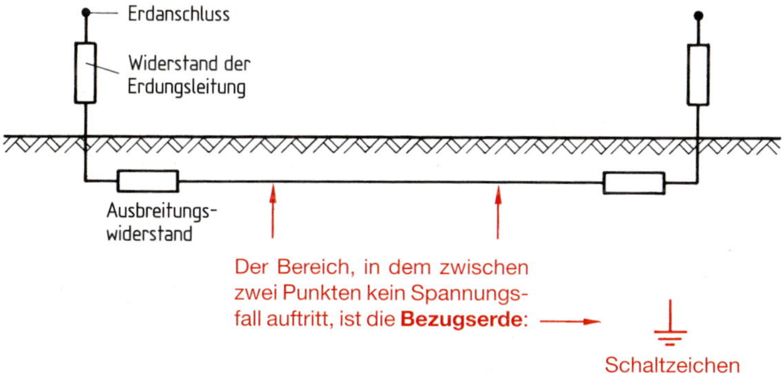

Aus welchen Widerständen setzen sich Erdungswiderstände zusammen und was versteht man unter der Bezugserde?

Der Erdungswiderstand setzt sich aus dem Widerstand der Erdungsleitung und dem Ausbreitungswiderstand zusammen.

Welche Leiter sind Schutzleiter?
Welche Schutzleiter sind Potentialausgleichsleiter?
Welche Schutzleiter sind Erdungsleiter?

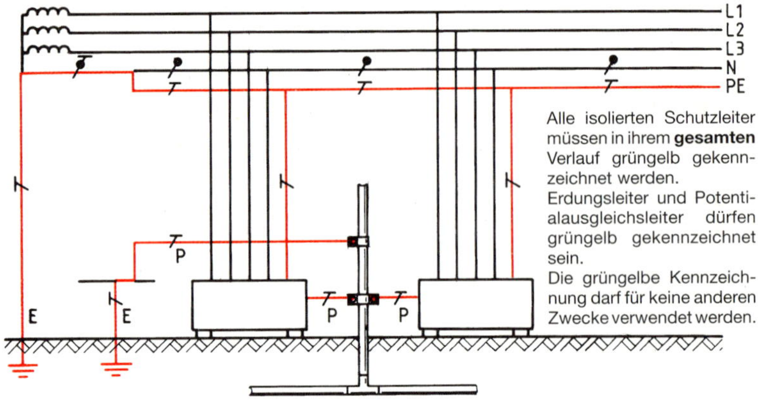

Alle isolierten Schutzleiter müssen in ihrem **gesamten** Verlauf grüngelb gekennzeichnet werden.
Erdungsleiter und Potentialausgleichsleiter dürfen grüngelb gekennzeichnet sein.
Die grüngelbe Kennzeichnung darf für keine anderen Zwecke verwendet werden.

Alle Leiter, die – mit Körpern verbunden – erforderlich sind, um einen Schutz gegen elektrischen Schlag bei indirektem Berühren herbeizuführen, heißen **Schutzleiter (PE)**.
Die Schutzleiter, die die Verbindung zu Erdern herstellen, heißen **Erdungsleiter** (E).
Die Schutzleiter, die die Körper untereinander und mit fremden leitfähigen Teilen verbinden, heißen **Potentialausgleichsleiter** (P).

Was ist bei der Verlegung von Schutzleitern besonders zu beachten?

Die durchgehende elektrische Verbindung muss so ausgeführt sein, dass mechanische, chemische oder elektrochemische Einflüsse keine Verschlechterung zur Folge haben können.
Im Schutzleiter darf kein Schaltorgan eingebaut sein.
Schutzleiterverbindungen und -anschlüsse müssen gegen Selbstlockern gesichert sein.
Zwecks Besichtigung und für Prüfzwecke müssen Schutzleiterverbindungen zugänglich sein (Ausnahme: Vergossene Verbindungen und Anschlüsse).
In Schalt- und Verteilungsanlagen müssen Anschlussmöglichkeiten für alle ankommenden und abgehenden Schutzleiter vorgesehen sein. Ihre Zugehörigkeit zu den Außenleiteranschlüssen muss erkennbar sein.
Werden Konstruktionsteile als Schutzleiter verwendet, so darf deren Ausbau die Schutzleiterfunktion nicht unterbrechen.
(An Auswechselstellen müssen Überbrückungen vorgesehen sein.)

Was darf außer isolierten Leitungen als Schutzleiter benutzt werden?
Was darf nicht als Schutzleiter benutzt werden?

Erlaubte Leiter:
festverlegte blanke Leiter
metallische Umhüllungen von Kabeln und Leitern
Metallrohre und Metallumhüllungen (z. B. Metallgehäuse von Stromschienen-Systemen)
fremde leitfähige Teile (z. B. Stahlkonstruktionen)

Nicht erlaubte Leiter:
Spannseile und Aufhängseile
Metallschläuche und Metallschutzschläuche
Gasrohre und Gasinnenleitungen

6.2 Schutz gegen elektrischen Schlag unter Fehlerbedingungen Schutzleiter – Potentialausgleichsleiter – Erdungsleiter

DIN VDE 0100
Teil 200 / Teil 540

In Kabeln und Leitungen bis 16 mm² Cu den gleichen Querschnitt wie die Außenleiter. (Ab 25 mm² Cu dürfen die Querschnitte geringer sein.)

Bei getrennter Verlegung
- geschützt, mindestens 2,5 mm² Cu
- ungeschützt, mindestens 4 mm² Cu

Ein gemeinsamer Schutzleiter für mehrere Stromkreise muss den Querschnitt des stärksten Außenleiters haben.
Werden andere Metalle als Kupfer verwendet, so muss ihr Querschnitt so gewählt werden, dass sie dieselbe Leitfähigkeit haben.

(Weitere Zuordnungen im Tabellenteil)

> Welche Mindestquerschnitte müssen Schutzleiter haben?

Der Hauptpotentialausgleichsleiter muss im Querschnitt mindestens ½ so groß wie der Hauptschutzleiter sein.

Er darf jedoch nicht kleiner als 6 mm² Cu sein!

(Der Hauptschutzleiter ist der Schutzleiter, der vom Hausanschluss oder dem Hauptverteiler abgeht.)

> Welchen Mindestquerschnitt müssen Hauptpotentialausgleichsleiter haben?

Gegen Korrosion geschützt:
- mechanisch geschützt: Cu 2,5 mm²
- mechanisch ungeschützt: Cu 16 mm² Fe 16 mm²

Ohne Korrosionsschutz:
- mechanisch geschützt / mechanisch ungeschützt: Cu 25 mm² Fe 50 mm² (feuerverzinkt)

Bei der Verwendung von Aluminiumleitern muss die entsprechende Leitfähigkeit gewährleistet sein.

> Welchen Mindestquerschnitt müssen Erdungsleiter haben?

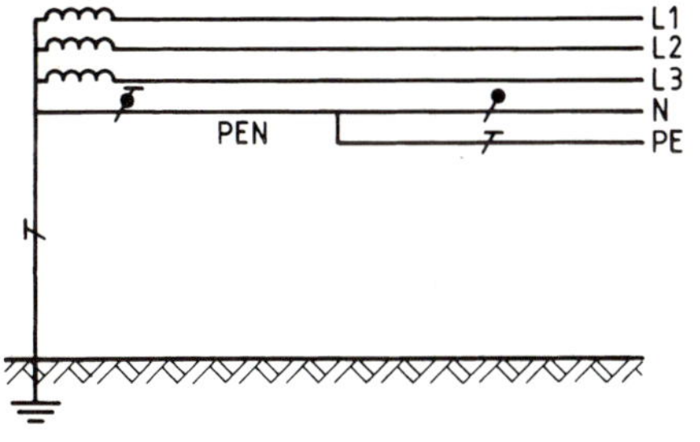

Der Mindestquerschnitt beträgt 10 mm² Cu.

> Welchen Mindestquerschnitt müssen PEN-Leiter haben?

Der Neutralleiter darf nach der Aufteilung nicht mehr geerdet werden.
Die beiden Leiter dürfen nach der Aufteilung nicht mehr miteinander verbunden werden.

> Welche Verbote gelten nach der Aufteilung in N- und PE-Leiter?

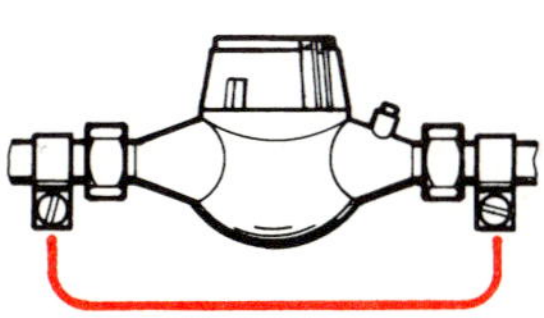

Werden Wasserleitungen als Schutzleiter (Potentialausgleichsleiter, Erdungsleiter) verwendet, so muss der Wasserzähler überbrückt werden.

verzinntes Kupferseil:	16 mm²
verzinntes Stahlseil:	25 mm²
verzinnter Bandstahl:	60 mm² (Mindestdicke 3 mm)

(Die letzte Bedingung wird oft von der Befestigungslasche erfüllt.)

> In welchen Fällen müssen Wasserzähler überbrückt werden? Womit müssen sie überbrückt werden?

Welche Aufgabe haben Überstromschutzorgane?

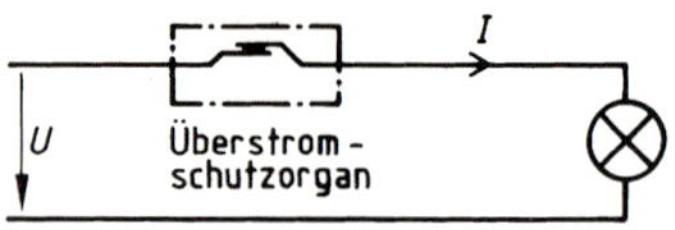

Übersteigt die Stromstärke die vorgeschriebene Grenze, dann schaltet ein Überstromschutzorgan den Strom selbsttätig ab.

Welche Überstromschutzorgane werden als Sicherungen bezeichnet?

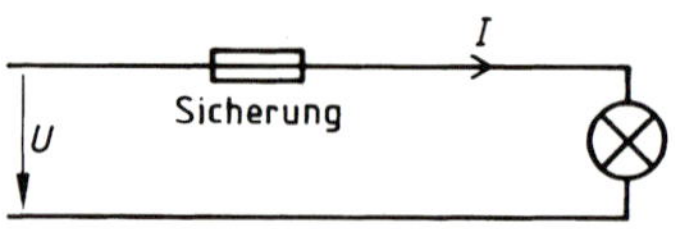

Sicherungen sind Schutzorgane, die durch Abschmelzen von Schmelzleitern den Strom unterbrechen.

Was ist ein Sicherungseinsatz?

Eine Sicherung besteht aus mehreren Teilen. Ihr „Herz" ist der Sicherungseinsatz. Der Sicherungseinsatz enthält den Schmelzleiter. Nach jedem Auslösen einer Sicherung muss der Sicherungseinsatz ersetzt werden.

Was versteht man unter einem Sicherungssystem?

Unter einem Sicherungssystem versteht man eine genormte Bauart von Sicherungen.

Kennfarben:

rosa	2 A	blau	20 A	silberfarben	80 A
braun	4 A	gelb	25 A	rot	100 A
grün	6 A	schwarz	35 A	gelb	125 A
rot	10 A	weiß	50 A	kupferfarben	160 A
grau	16 A	kupferfarben	63 A	blau	200 A

Das D-System ist das heute in Industrie und Haushalt weitgehend eingesetzte System!

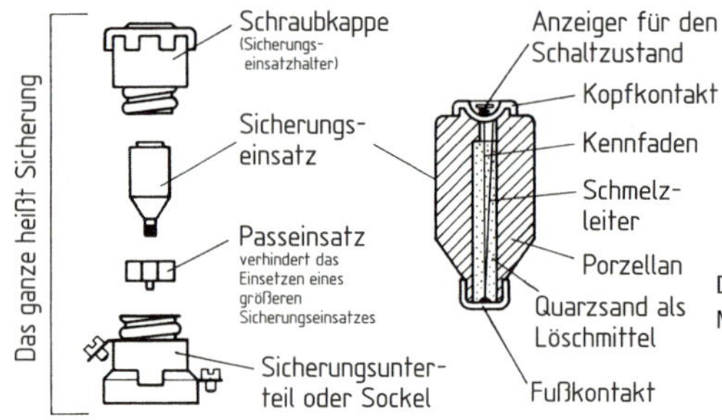

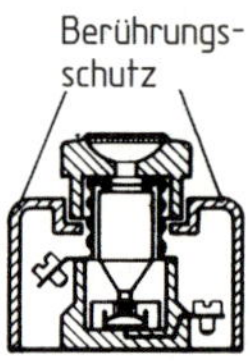

Das D-System ist durch zwei Merkmale gekennzeichnet:
- Berührungsschutz
- Unverwechselbarkeit des Sicherungseinsatzes

Welches Nennausschaltvermögen haben die Sicherungseinsätze?

Welche Baugrößen gibt es im D-System? Welche Baugrößen gibt es im DO-System?

Das Nennausschaltvermögen beträgt 50 kA bis 100 kA.
Im D-System gibt es 5 Baugrößen:

Baugröße	Gewinde	Durchmesser des Sicherungseinsatzes	Nennströme von		bis
1	E 16	13,2 mm	2 A	–	25 A
2	E 27	22,5 mm	2 A	–	25 A
3	E 33	28 mm	35 A	–	63 A
4	R 1 ¼"	34,5 mm	80 A	–	100 A
5	R 2"	47 mm	125 A	–	200 A

Das DO-System ist in seinen Abmessungen kleiner.
Das Nennausschaltvermögen der Sicherungseinsätze beträgt 50 kA.

Im DO-System gibt es 3 Baugrößen:

Baugröße	Gewinde	Durchmesser des Sicherungseinsatzes	Nennströme von		bis
1	E 14	11 mm	2 A	–	16 A
2	E 16	25 mm	20 A	–	64 A
3	M30 × 2	22 mm	80 A	–	100 A

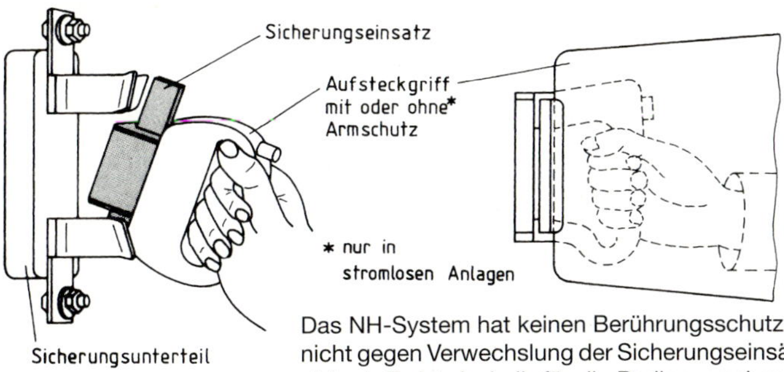

Das NH-System hat keinen Berührungsschutz und ist nicht gegen Verwechslung der Sicherungseinsätze gesichert. Es ist deshalb für die Bedienung durch Laien nicht geeignet.

Welches sind die Merkmale des Niederspannungs-Hochleistungs-Sicherungssystems (NH-System)?

Nennausschaltvermögen 120 kA

Baugröße	Länge des Sicherungseinsatzes	Messerbreite	Nennströme von		bis
1	78 mm	15 mm	6 A	–	125 A
2	125 mm	15 mm	6 A	–	160 A
3	135 mm	20 mm	35 A	–	250 A
4	150 mm	26 mm	80 A	–	400 A
5	150 mm	32 mm	300 A	–	630 A
6	198 mm	50 mm	500 A	–	1250 A

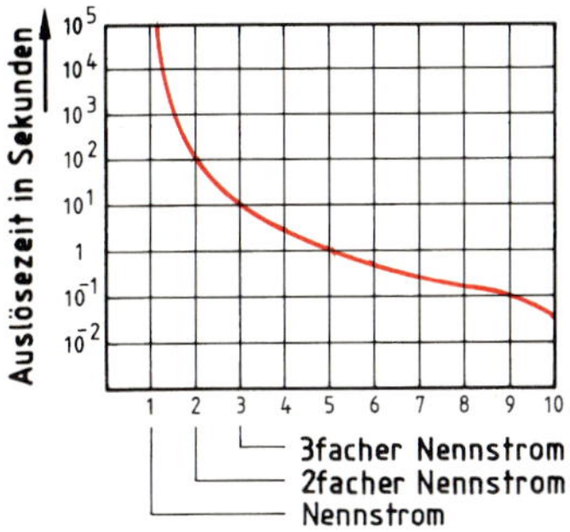

Prinzipieller Verlauf der Auslösekennlinie der **Funktionsklasse g (Ganzbereichssicherung)**

Der Nennstrom führt zu keiner Abschaltung. Bei Strömen, die größer sind, wird in entsprechender Zeit abgeschaltet.

Schutz gegen Überlast und Kurzschluss

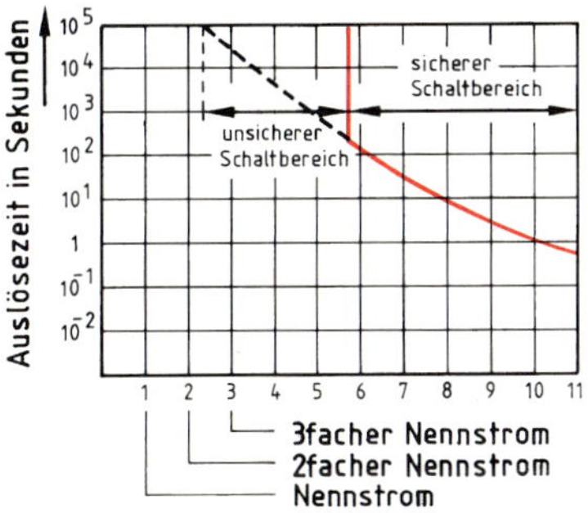

Prinzipieller Verlauf der Auslösekennlinie der **Funktionsklasse a (Teilbereichssicherung)**

Der Nennstrom führt zu keiner Abschaltung. Bei kleineren Überströmen wird nicht sicher abgeschaltet.

Schutz nur gegen Kurzschluss

Wodurch sind die Funktionsklassen gekennzeichnet?

Es sind 4 **Schutzobjekte** festgelegt.

Funktionsklasse **a** – Teilbereich
Funktionsklasse **g** - Ganzbereich

Schutzobjekt ⟶ zusammen mit den Funktionsklassen ergeben die **Betriebsklassen:**

Schutzobjekt		Betriebsklasse	
L:	Kabel- und Leitungsschutz	**gL:**	Ganzbereichs-Kabel- und Leitungsschutz
M:	Schaltgeräteschutz	**aM:**	Teilbereichs-Schaltgeräteschutz
R:	Halbleiterschutz	**aR:**	Teilbereichs-Halbleiterschutz
		gR:	Ganzbereichs-Halbleiterschutz
B:	Bergbau-Anlagenschutz	**gB:**	Ganzbereichs-Bergbau-Anlagenschutz

Wodurch sind die Betriebsklassen gekennzeichnet?

Welche besonderen Merkmale haben Leitungsschutzschalter?

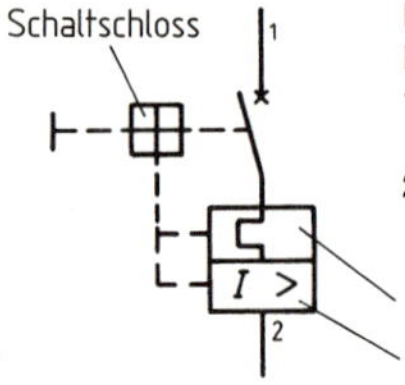

Leitungsschutzschalter sind handbetätigte Schlossschalter, die zwei Funktionen in sich vereinigen.

1. Mit ihnen können Stromkreise mit dem Netz verbunden oder von ihm getrennt werden.
2. Sie trennen – wie eine Sicherung – bei Überlast und bei Kurzschluss den Stromkreis selbsttätig vom Netz.

Achtung: Leitungsschutzschalter sind keine Geräteschalter! Sie dienen also nicht dem betriebsmäßigen Ein- und Ausschalten von Geräten.

Welchen prinzipiellen konstruktiven Aufbau haben Leitungsschutzschalter?

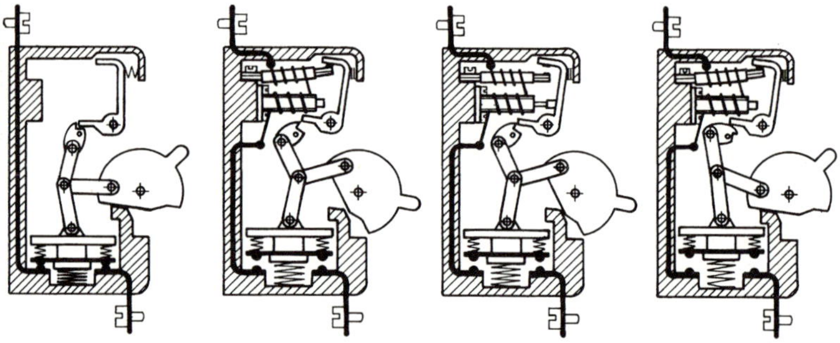

Durch ein Kniehebelsystem ist der eingeschaltete Schalter „gespannt".

Überschreitet die Stromstärke die Überlastgrenze, so drückt die thermische Auslösung die Kniehebelstütze weg.

Bei einem Kurzschlussstrom schlägt die Schnellauslösung die Stütze weg.

Freiauslösung
Solange ein Auslöser wirkt, kann der Schalter nicht eingeschaltet werden.

Welche besonderen Schalteigenschaften haben Leitungsschutzschalter?

Leitungsschutzschalter gibt es bis 63 A Nennstrom.
Je nach Typenreihe beträgt ihr Nennschaltvermögen (Kurzschlussschaltvermögen) 3 000 A; 6 000 A; 10 000 A.

Nach der Norm gibt es nur noch Leitungsschutzschalter mit der Auslösecharakteristik B und C.

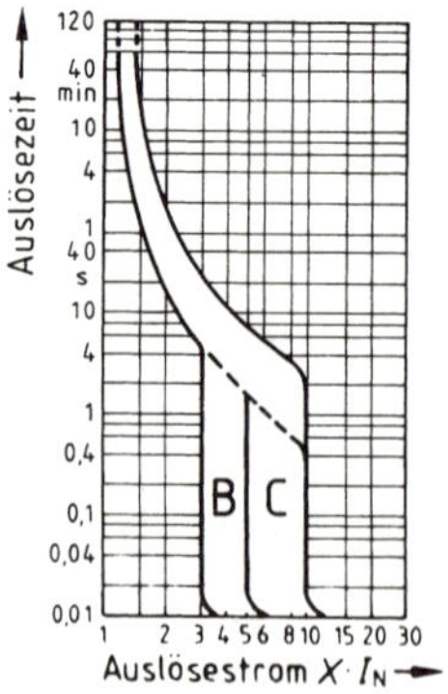

B
Der Schnellauslöser spricht auf den 3–5fachen Nennstrom an.

C
Die höhere magnetische Ansprechgrenze ist auf die hohen Einschaltströme von Motoren und Transformatoren abgestimmt.

Leistungsschalter sind Schalter, die unter betriebsmäßigen Bedingungen Ströme bis zum Kurzschluss einschalten, führen und ausschalten können. Darüber hinaus können sie Ströme bis zum Kurzschluss einschalten, eine bestimmte Zeit führen und unterbrechen.

Welche besonderen Merkmale haben Leistungsschalter?

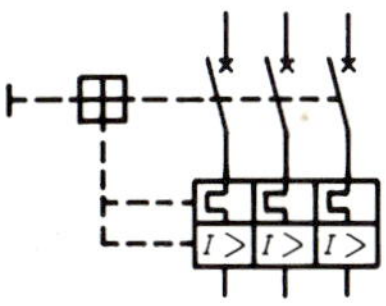

Dieser Leistungsschalter hat eine Freiauslösung, einen Überstrom- und einen Kurzschlussauslöser.
Er kann deshalb vier Funktionen übernehmen:
- Geräteschalter,
- Netzschalter,
- Motorschutzschalter,
- Leitungsschutzschalter.

Welche Eigenschaften müssen Leistungsschalter haben, damit sie als Überstromschutzorgane verwendet werden können?

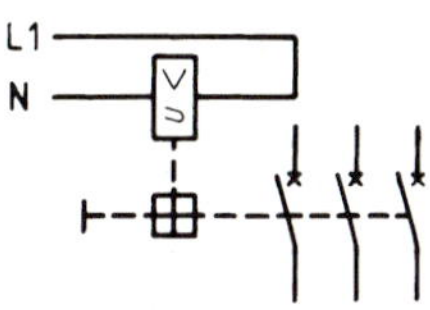

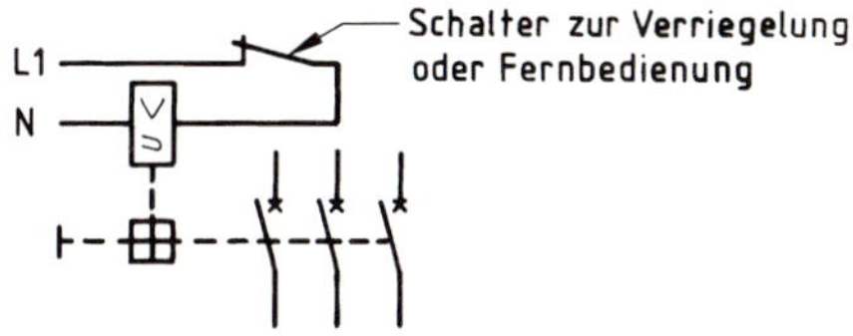

Welche besonderen Zusatzeinrichtungen gibt es bei Leistungsschaltern?

Unterspannungsauslöser:
Sinkt die Netzspannung unter einen bestimmten Wert oder fällt sie ganz aus, so schaltet der Schalter ab.

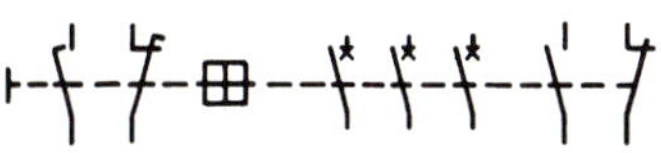

Steuerschalter, schalten mit dem Betätigungshebel

Steuerschalter, schalten mit den Hauptschaltelementen

Mit diesen Steuerschaltern können vielfältige Steuer- und Meldefunktionen erfüllt werden.

Hierzu benötigt man die Angaben des Herstellers.

Beispiele:

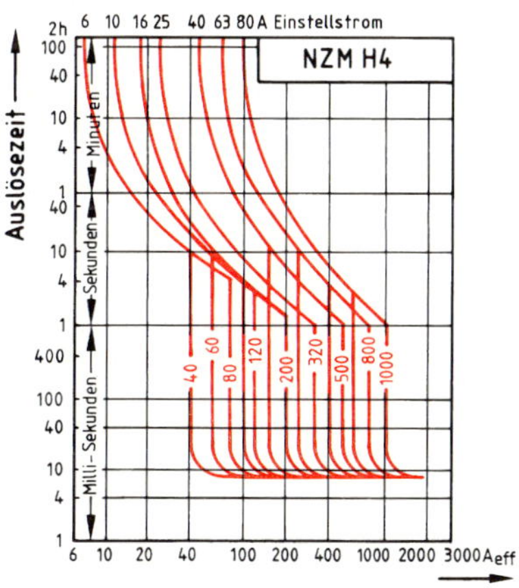

Dauerstrom	Einstellbereiche: Bimetallauslöser	Kurzschluss-Schnellauslöser	Typ
6	4– 6	40– 80	**NZMH 4**
10	6–10	60– 120	
16	10–16	100– 200	
25	16–25	160– 320	
40	25–40	260– 500	
63	40–63	400– 800	
80	63–80	600–1000	
40	25– 40	280– 475	**NZMH 6**
63	40– 63	400– 760	
100	63–100	800–1150	
160	100–160	1000–1900	
200	140–200	1500–2400	
100	63–100	600–1200	**NZMH 9**
160	100–160	1000–2000	
200	160–200	1600–2400	
250	200–250	1600–2400	
315	240–315	2000–4000	
250	160–250	1600–3200	**NZMH 11**
400	250–400	2600–5000	
500	350–500	2600–5000	
630	455–630	2600–5000	

Wie erfährt man die Zeit-Strom-Abhängigkeit (Kennlinie) von Leistungsschaltern?

Wie wird diese Maßnahme ausgeführt?

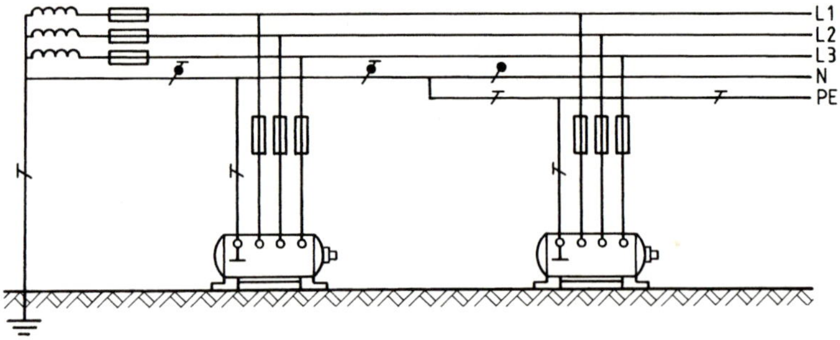

Die Körper aller Verbrauchsmittel werden mit dem betriebsmäßig geerdeten Netzleiter verbunden. Dieser Leiter wird durch diese Verbindung
zum Schutzleiter,
zum PEN-Leiter, wenn er zugleich die Funktion des Neutralleiters erfüllt,
zum PE-Leiter, wenn er nur Schutzleiterfunktion hat.

Was soll im Fehlerfall bewirkt werden?

Welche Bedingung muss erfüllt sein, damit diese Maßnahme einwandfrei funktioniert?

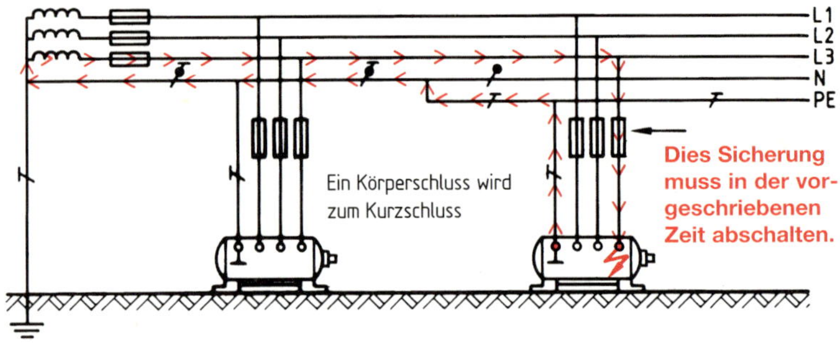

Der tatsächliche Schleifenwiderstand (die Schleifenimpedanz) des Fehlerkreises darf nicht größer sein als der aus Nennspannung gegen Erde und Abschaltstromstärke der vorgeschalteten Sicherung errechnete Grenzwert.

$$R_{Schl} \leq \frac{U_0}{I_{Abschalt}}$$

Welche Gefahr entsteht durch einen Schutzleiterbruch?

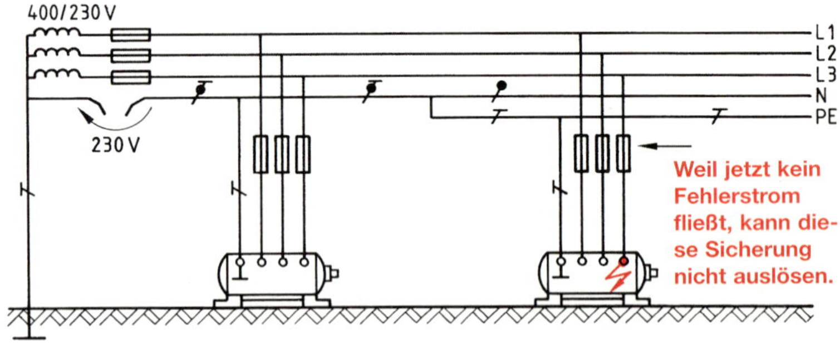

Da alle Körper miteinander verbunden sind, wird ein Körperschluss in einem Verbrauchsmittel auf alle Körper „verschleppt". Dadurch tritt eine große Gefährdung ein.

Gegenmaßnahmen:

Der Schutzleiter muss besonders sorgfältig verlegt und verbunden werden.
Der Schutzleiter darf für sich alleine nicht schaltbar sein.
Es muss ein Potentialausgleich durchgeführt werden.

Welche Abschaltzeiten dürfen Überstrom-Schutzorgane im Fehlerfalle nicht überschreiten?

Normalfall:

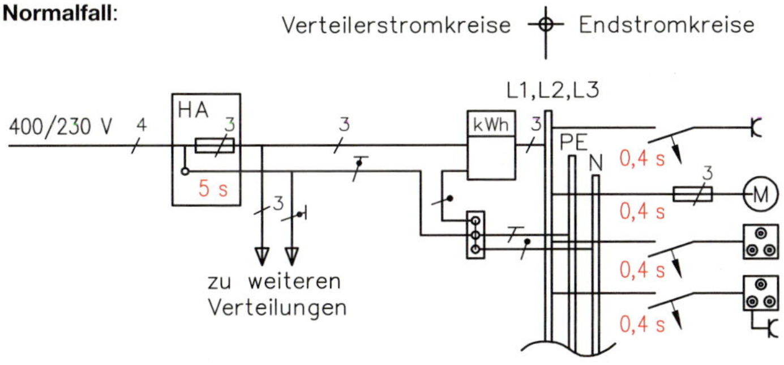

Sonderfall 1:

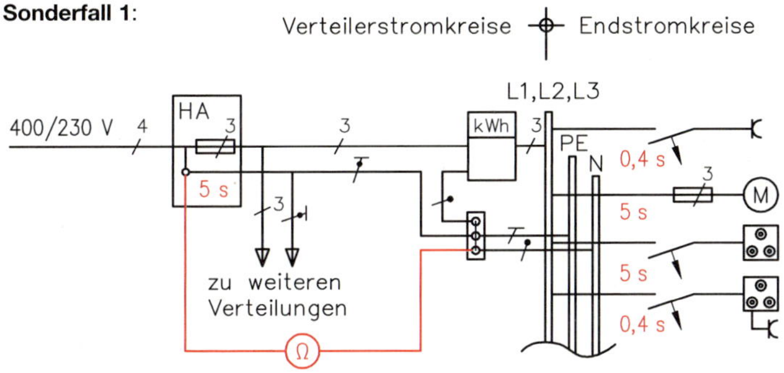

Der Widerstand des Schutzleiters zwischen der Verteilung und dem Hausanschlusskasten (HA) darf das 0,218-fache der Impedanz des Schleifenwiderstandes nicht überschreiten.

Sonderfall 2:

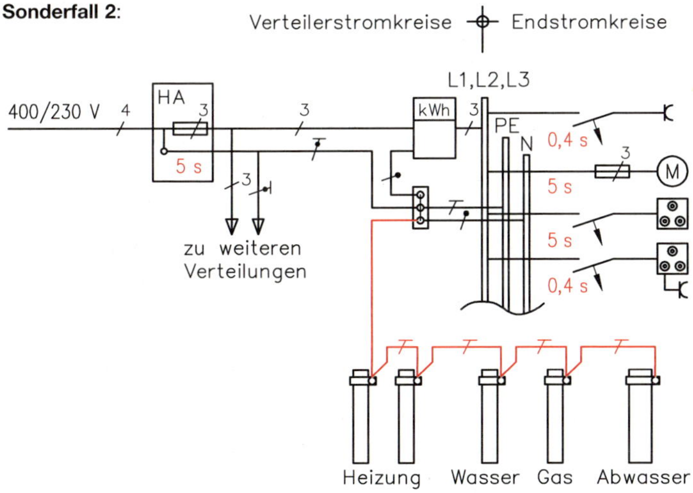

An der Verteilung ist ein zusätzlicher Potentialausgleich durchzuführen.

Wenn die hier aufgezeigten Bedingungen nicht erfüllt werden können, dann ist die Abschaltung der Stromversorgung mit RCDs zu realisieren.

Wodurch unterscheidet sich ein TT-System von einem TN-System?

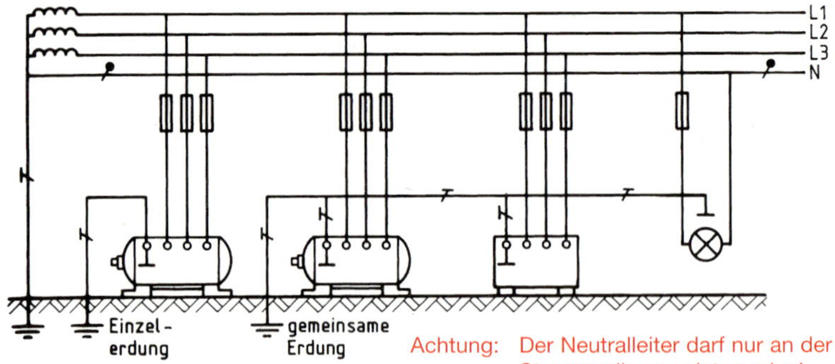

Achtung: Der Neutralleiter darf nur an der Stromquelle geerdet werden!

Die Körper der Verbrauchsmittel sind entweder einzeln oder in Gruppen geerdet. Im Unterschied zu den TN-Systemen sind die Körper **über die Erde** mit dem Sternpunkt des Transformators verbunden und nicht mit einem Leiter.

Weshalb ist der Schutz durch Abschaltung mit Überstromschutzorganen im TT-System problematisch?

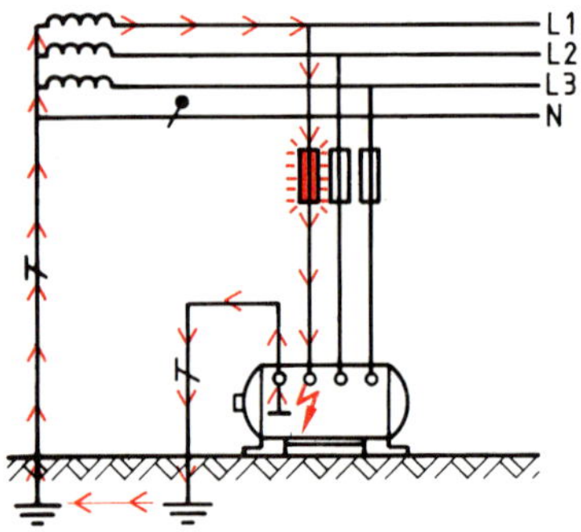

entweder: ergibt sich im Fehlerfalle eine Stromstärke, die innerhalb von 5 s die nächstvorgeschaltete Sicherung zum Abschmelzen bringt.

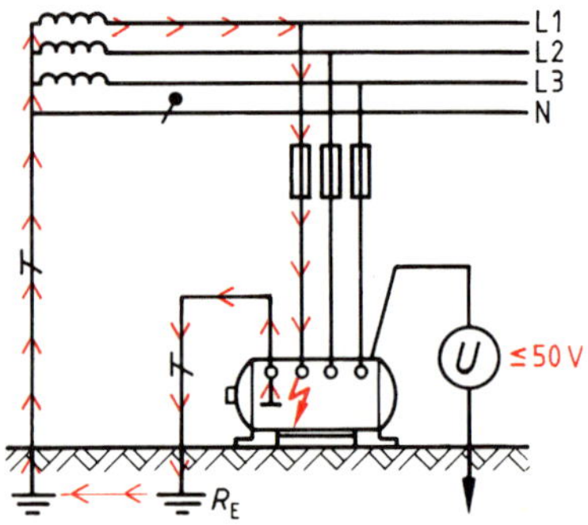

oder: die Berührungsspannung darf 50 V nicht überschreiten, wenn es nicht zur Abschaltung kommt.
$I_F \cdot R_e \leq 50\ V$

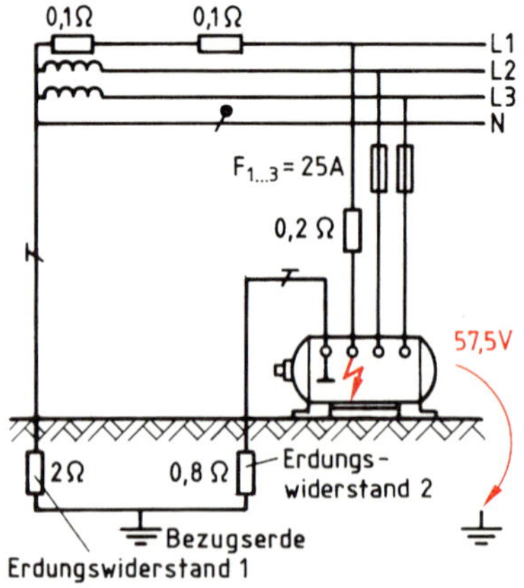

Beispiel:
Bei dem dargestellten Fehler beträgt der Widerstand der Fehlerschleife 3,2 Ω. Es ergibt sich ein Fehlerstrom von
$I = 230\ V/3{,}2\ \Omega = 71{,}87\ A$.
Die vorgeschaltete Sicherung von 25 A schaltet **nicht** innerhalb von 5 s ab. (s. S. 35)
Am Erdungswiderstand fällt eine Spannung von
$U = 71{,}87\ A \cdot 0{,}8\ \Omega = 57{,}49\ V$
ab.
Obwohl die Erdungswiderstände klein sind, gibt es unter diesen Bedingungen keinen Schutz vor elektrischem Schlag!

6.2 Schutz gegen elektrischen Schlag unter Fehlerbedingungen Schutz durch Abschaltung im TT-System

DIN VDE 0100
Teil 410

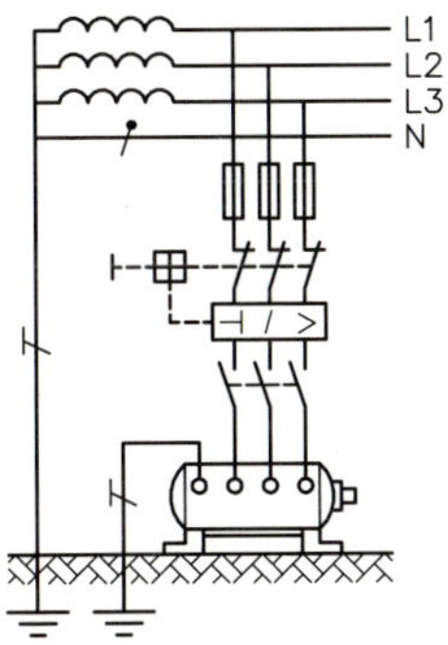

Die bevorzugte Schutzmaßnahme durch automatisches Abschalten im TT-System ist das Abschalten mit RCD. (Fehlerstrom-Schutzeinrichtung)

Die Erdungswiderstände der Schutzerder können in der Größenordnung von 100 Ω liegen. (Siehe hierzu S. 51)

Siehe zu automatischem Abschalten mit RCD die Seiten 50–54.

> Wie kann der Schutz durch Abschaltung in einem TT-System realisiert werden?

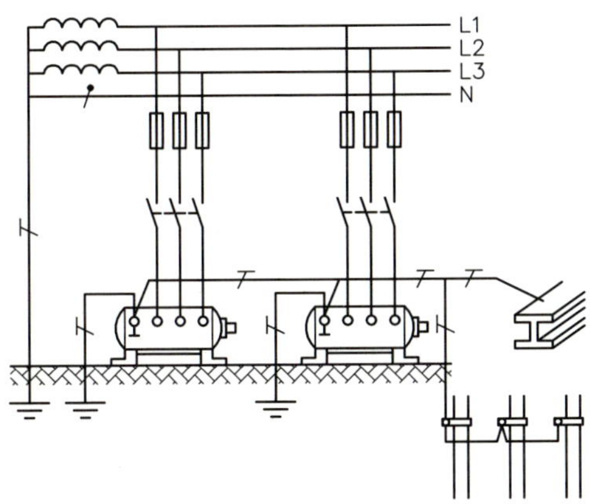

In Ausnahmefällen z. B. bei Nennströmen, für die es keine RCDs gibt, dürfen auch Überstromschutzeinrichtungen eingesetzt werden.
In diesem Fall sollte ein zusätzlicher Potentialausgleich durchgeführt werden.

Anstelle von Sicherungen können auch Leitungs-Schutzschalter und Leistungsschalter eingesetzt werden. In diesem Fällen muss bei einem Fehler unverzögert abgeschaltet werden.

> Darf der Schutz durch automatisches Abschalten in TT-Systemen nur mit RCDs realisiert werden?

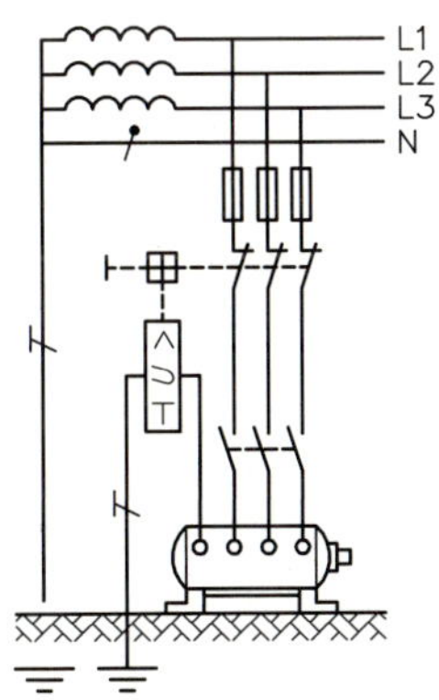

Fehlerspannungs-Schutzeinrichtungen dürfen nur eingesetzt werden, wenn die automatische Abschaltung durch RCDs oder Überstromschutzorgane nicht möglich ist.
Da Fehlerspannungs-Schutzeinrichtungen jedoch nicht mehr genormt sind, kann ihr Einsatz nur in Eigenverantwortung erfolgen.

Zu Fehlerspannungs-Schutzeinrichtungen siehe S. 54–55.

> Dürfen Fehlerspannungs-Schutzeinrichtungen in TT-Systemen eingesetzt werden?

6.2 Schutz gegen elektrischen Schlag unter Fehlerbedingungen
Schutz durch SELV (früher Schutzkleinspannung)

DIN VDE 0100
Teil 410

Was ist die Grundidee dieser Schutzmaßnahme?

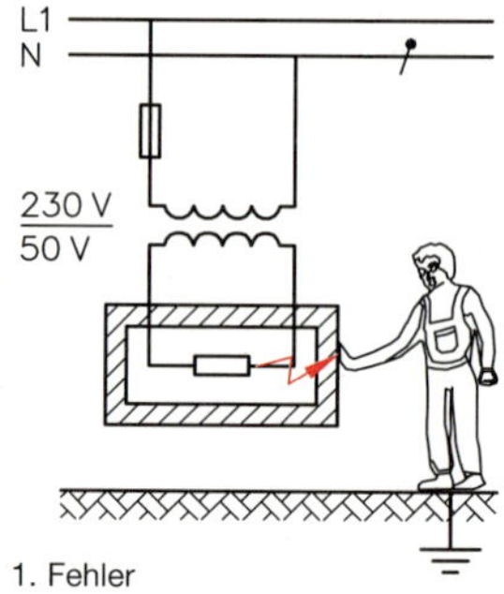

1. Fehler
Wegen der sicheren Trennung ist die Berührungsspannung Null.

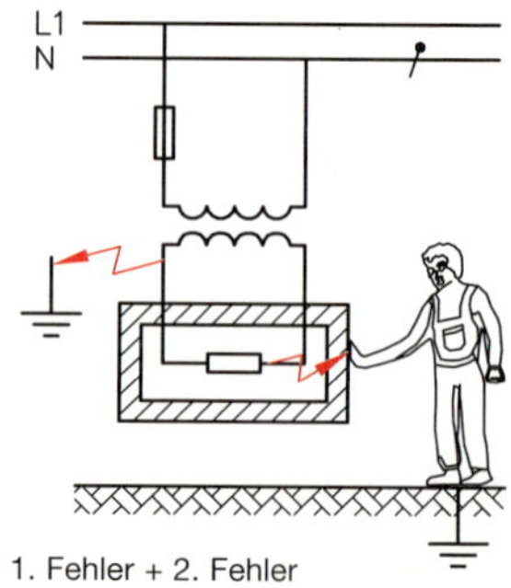

1. Fehler + 2. Fehler
Die Berührungsspannung beträgt jetzt 50 V. Bei normalen Bedingungen fließt kein gefährlich hoher Körperstrom.

Die Schutzmaßnahme SELV vereinigt die beiden Prinzipien Schutz durch Trennung und Schutz durch Kleinspannung.
SELV ist deshalb eine besonders wirksame Schutzmaßnahme bei erschwerten Umgebungsbedingungen.

Welche Anforderungen müssen SELV-Stromkreise erfüllen?

Aktive Teile müssen von aktiven Teilen anderer Stromkreise – PELV-, FELV- und Stromkreisen mit höheren Spannungen sicher getrennt sein.
Aktive Teile dürfen nicht mit der Erde oder mit aktiven Teilen oder Schutzleitern anderer Stromkreise verbunden werden. Auch die Körper dürfen nicht absichtlich mit Erde, fremden leitfähigen Teilen oder Schutzleitern und Körpern anderer Stromkreise verbunden werden.

Welche Stromquellen sind für SELV-Stromkreise zulässig, welche nicht?

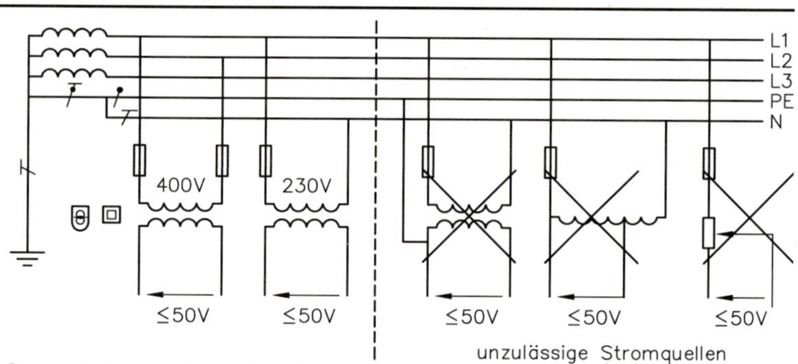

Stromquellen für SELV-Stromkreise müssen entweder unabhängig von Stromkreisen mit höherer Spannung sein, oder durch Trenntransformatoren sicher getrennt sein.

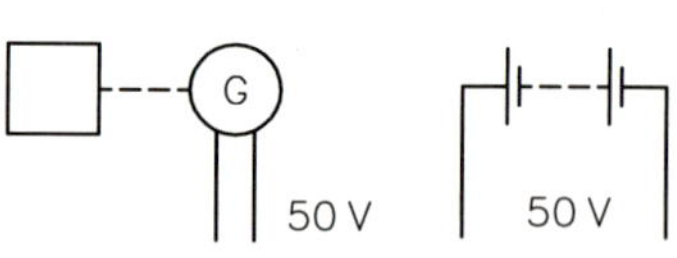

Sind elektrische Einrichtungen als Stromquellen zulässig?

Nur, wenn ihre Leerlaufspannung nicht größer als AC 50 V oder DC 120 V ist.

Welche maximalen Spannungswerte sind zulässig?

Alle Nennwerte unterhalb AC 50 V oder DC 120 V
In besonderen Fällen: AC 6 V für bestimmte medizinische Geräte.
AC 12 V für Geräte in Badewannen oder Duschen.
AC 24 V für elektromotorisches Spielzeug.
Bis auf diese Ausnahmen gilt, dass bei Spannungen unter AC 25 V und DC 60 V keine zusätzlichen Schutzmaßnahmen gegen **direktes Berühren** erforderlich sind.

6.2 Schutz gegen elektrischen Schlag unter Fehlerbedingungen
Schutz durch PELV (früher Funktionskleinspannung mit sicherer Trennung)

DIN VDE 0100
Teil 410

Was unterscheidet PELV von SELV?

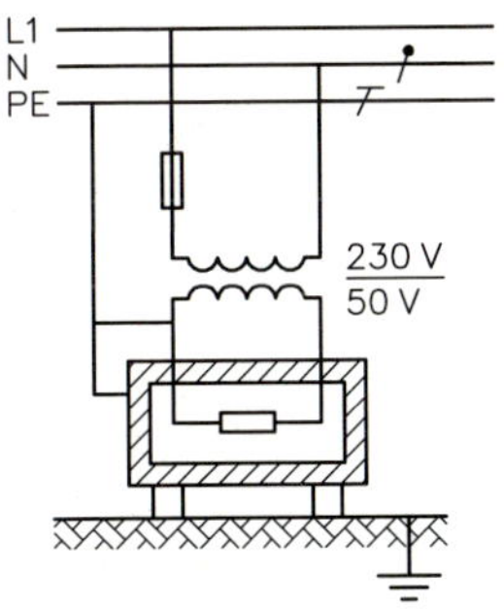

Es gilt hier nicht mehr das Prinzip Schutztrennung. Deshalb dürfen aktive Teile und Körper mit dem Schutzleiter des Primärstromkreises verbunden werden.

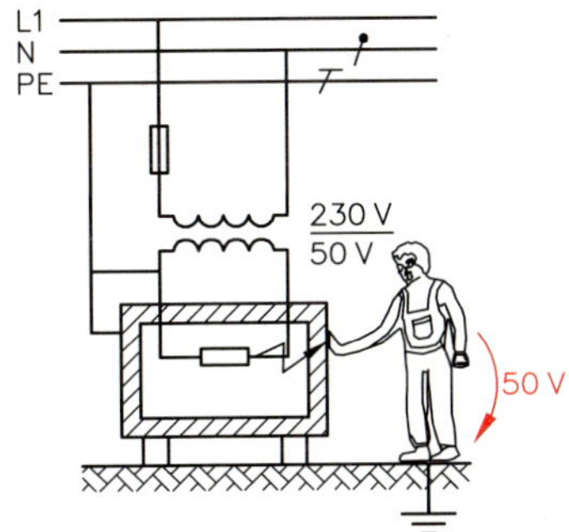

Im Fehlerfall beträgt die Berührspannung 50 V. Bei normalen Bedingungen fließt kein gefährlich hoher Körperstrom.

PELV

- **P**rotective
- **E**xtra
- **L**ow
- **V**oltage

Welche Anforderungen müssen PELV-Stromkreise erfüllen?

Es gelten dieselben Anforderungen wie bei SELV, mit der Ausnahme, dass die aktiven Teile und Körper mit Erde und Schutzleitungen verbunden werden dürfen.

Welche Stromquellen sind für PELV-Stromkreise zulässig, welche nicht?

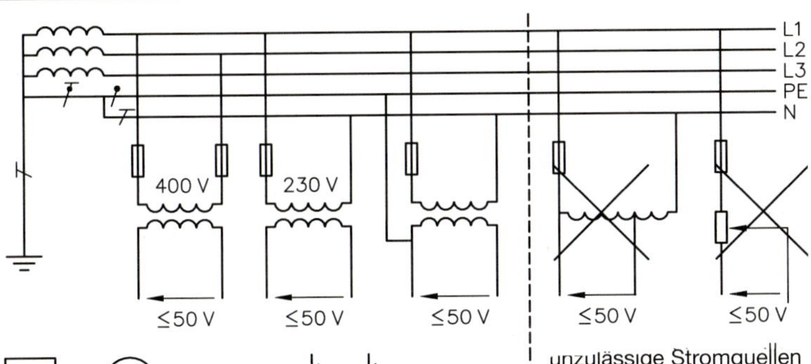

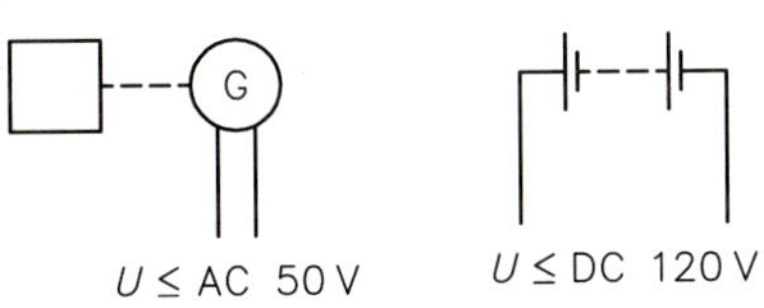

PELV-Stromkreise müssen von allen anderen Stromkreisen getrennt sein.

Sind elektronische Einrichtungen als Stromquellen zulässig?

Ja! Im Unterschied zu SELV darf ihre Leerlaufspannung größer als AC 50 V oder DC 120 V sein. Sie muss bei Belastung allerdings auf diese Werte zurückgehen.

Welche maximalen Spannungswerte sind zulässig?

Wie bei SELV, alle Nennwerte unterhalb AC 50 V oder DC 120 V.
Für den Schutz gegen direktes Berühren gibt es Unterschiede zu SELV.
Es ist kein besonderer Schutz gefordert bei Spannungen unter AC 6 V und DC 15 V, wenn sich der PELV-Stromkreis innerhalb eines Gebäudes befindet, in dem alle berührbaren Körper und fremde leitfähige Teile mit demselben Erdungssystem verbunden sind.
Befindet sich der PELV-Stromkreis an einem trockenem Ort und ist keine großflächige Berührung aktiver Teile zu erwarten, kann der Schutz gegen direkte Berührungen bis AC 25 V und DC 60 V entfallen.

Welche besonderen Bedingungen müssen Steckdosen erfüllen?

Sie dürfen nicht für Stecker anderer Spannungssysteme geeignet sein.
Auch nicht für FELV-Stromkreise!
SELV-Steckdosen dürfen keinen Schutzkontakt haben!

Welche besonderen Bedingungen müssen Stecker erfüllen?

Sie dürfen nicht in Steckdosen anderer Spannungssysteme eingeführt werden können. Auch nicht in FELV-Steckdosen!
SELV-Stecker dürfen keinen Schutzkontakt haben!
SELV-Stecker dürfen nicht in PELV-Steckdosen eingeführt werden können.
PELV-Stecker dürfen nicht in SELV-Steckdosen eingeführt werden können.

Was ist bei der Leitungsverlegung bei SELV- und PELV-Stromkreisen zu beachten?

Um die sichere Trennung zu gewährleisten, müssen Leitungen unterschiedlicher Systeme
- räumlich getrennt voneinander verlegt werden

oder
- zusätzlich zur Basisisolierung mit einem Kunststoffmantel umhüllt sein.

Dürfen Leitungen von Stromkreisen mit unterschiedlicher Spannung gemeinsam verlegt werden?

Ja, wenn sie durch einen geerdeten Metallschirm oder eine geerdete Metallumhüllung voneinander getrennt sind.

Dürfen mehradrige Kabel, Leitungen oder Leiterbündel für die gemeinsame Installation von SELV- und PELV-Stromkreisen verwendet werden?

Ja, wenn die Isolierung der Leiter für die höchste Spannung der gemeinsam verlegten Stromkreise bemessen ist.

6.2 Schutz gegen elektrischen Schlag unter Fehlerbedingungen Schutz bei FELV (früher Funktionskleinspannung ohne sichere Trennung)

DIN VDE 0100
Teil 410

Englisch:	**F**unctional	**E**xtra	**L**ow **V**oltage
Deutsch:	Funktion		Kleinspannung

Achtung: FELV ist keine Schutzmaßnahme. Es handelt sich um Kleinspannung, die aus Funktionsgründen gewählt wurde!

> Was bedeutet FELV?

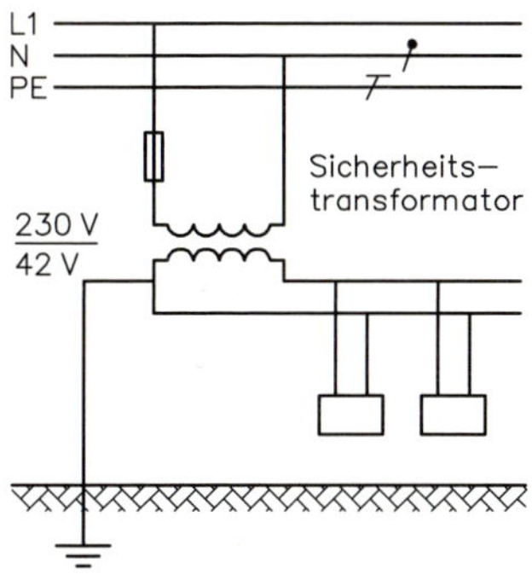

Wenn sichere Trennung vorliegt, ist das ein Stromkreis mit Funktionskleinspannung **und** der Schutzmaßnahme PELV.

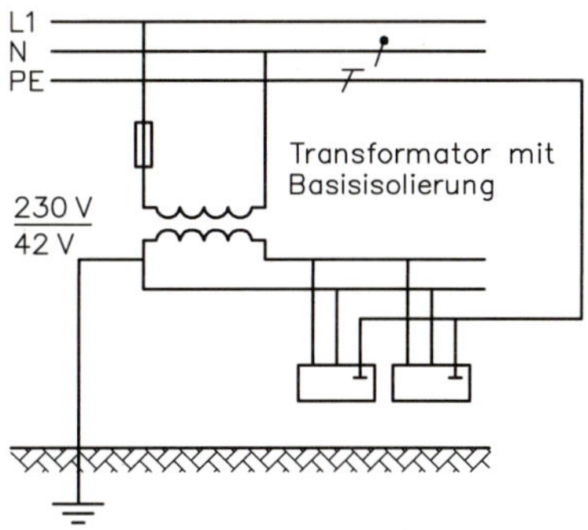

Hier liegt keine sichere Trennung vor. Deshalb werden auf der Kleinspannungsseite die Schutzmaßnahmen des Primärkreises angewendet → FELV!

> Was ist der Unterschied zwischen PELV- und FELV-Stromkreis?

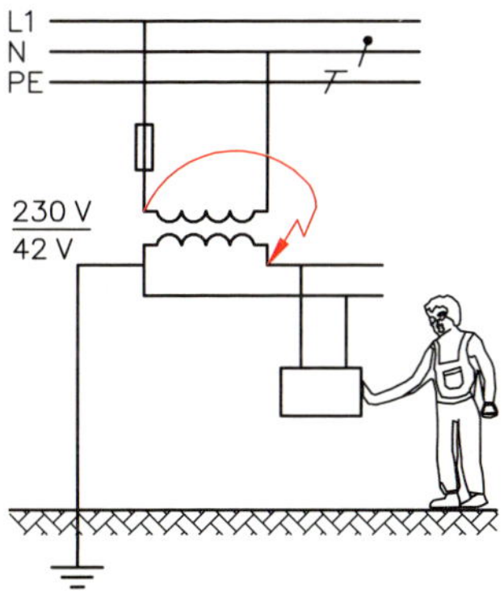

1. Fehler
Durch einen Isolationsfehler kommt es zu einer Berührung zwischen Primär- und Sekundärseite. Jetzt hängt die Sicherheit nur noch von der Wirksamkeit der Geräteisolation ab.

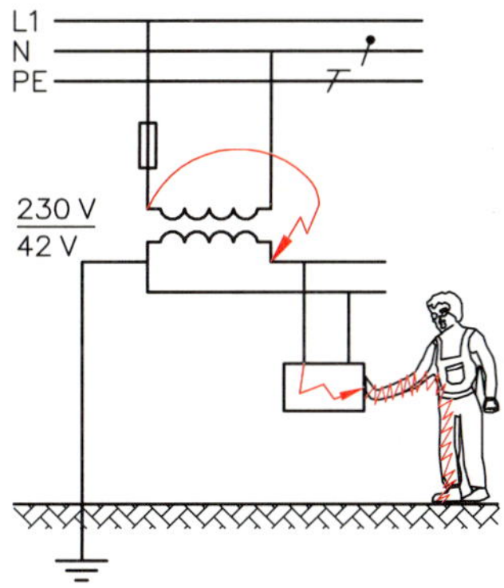

Ein zweiter Fehler führt jetzt zu einem elektrischen Schlag. Er kann nur durch eine Schutzmaßnahme vermieden werden.

> Wo sind die Gefahrenmomente in FELV-Stromkreisen?

Alle Stromquellen ohne Basisisolierung.

Beispiele:

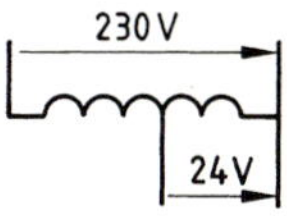

Spartrafo

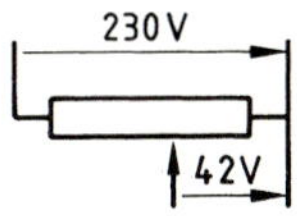

Potentiometer

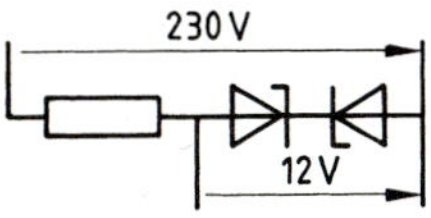

Dioden

> Welche Stromquellen sind für FELV-Stromkreise unzulässig?

6.2 Schutz gegen elektrischen Schlag unter Fehlerbedingungen Schutz durch Verwendung von Betriebsmitteln der Schutzklasse II (Schutzisolierung)

Welches ist die Grundidee dieser Schutzmaßnahme?

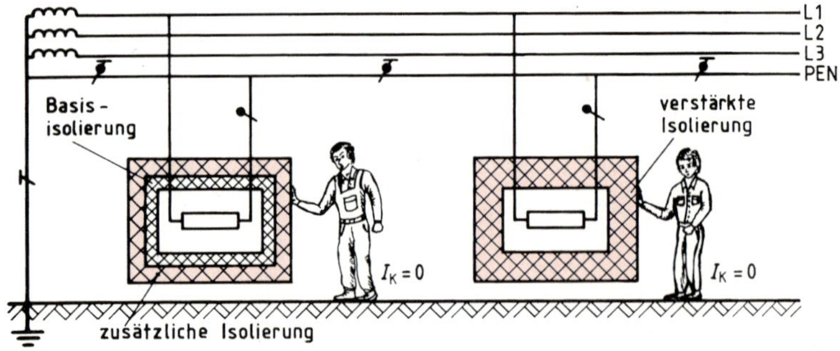

Die Basisisolierung gegen direktes Berühren der aktiven Teile wird entweder durch eine zusätzliche Isolierung oder durch Verstärkung so verbessert, dass ein Isolationsfehler nicht auftreten kann.
Die Schutzisolierung soll also gefährliche Berührungsspannungen verhindern.

Welche Möglichkeiten gibt es bei der Anwendung dieser Schutzmaßnahme?

1. Durch die Verwendung von fabrikgefertigten Geräten mit Schutzisolierung.

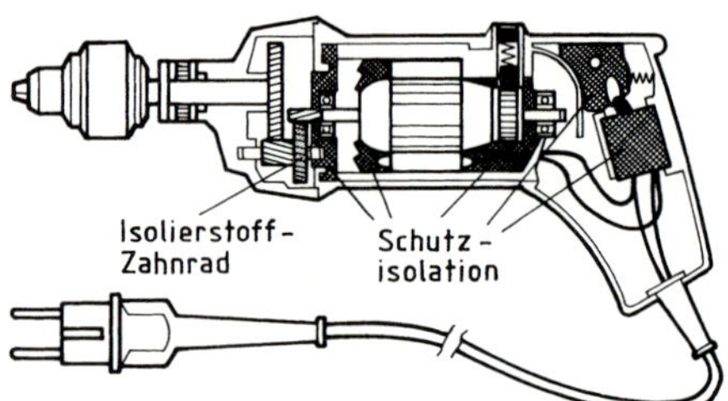

Betriebsmittel der Schutzklasse II sind mit diesem Symbol gekennzeichnet.

Beispiel:

Handbohrmaschine der Schutzklasse II

2. Durch Aufbringung einer zweiten Isolierschicht (zusätzlich zur Basisisolierung) durch den Errichter einer Anlage.

Dieses Symbol sollte an sichtbarer Stelle der Umhüllung außen und innen angebracht werden.

Hierbei ist zu beachten:

Die zusätzliche isolierende Umhüllung muss in Schutzart IP 2X ausgeführt sein.
Die zusätzliche isolierende Umhüllung muss die üblicherweise auftretenden Belastungen ohne Schaden aushalten.
Durch die zusätzliche Isolierstoffumhüllung dürfen keine leitfähigen Teile geführt werden, wenn diese Spannungen verschleppen können.
Wenn Deckel oder ähnliches in der zusätzlichen Isolierstoffumhüllung ohne Werkzeuge oder Schlüssel geöffnet werden können, müssen alle durch diese Öffnung berührbaren leitfähigen Teile durch eine Isolierstoffabdeckung nach Schutzart IP 2X unzugänglich gemacht werden.
Leitfähige Teile innerhalb der Isolierung dürfen nicht an einen Schutzleiter angeschlossen werden.

6.2 Schutz gegen elektrischen Schlag unter Fehlerbedingungen Schutz durch Verwendung von Betriebsmitteln der Schutzklasse II (Schutzisolierung)

DIN VDE 0100
Teil 410

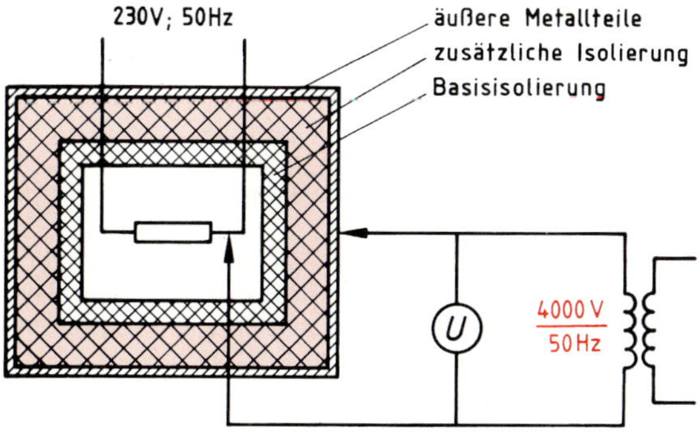

Während einer Minute darf kein Überschlag erfolgen. (Für die Prüfgeräte gelten besondere Bestimmungen.)

Wie kann geprüft werden, ob die zusätzliche Isolierung wirksam ist?

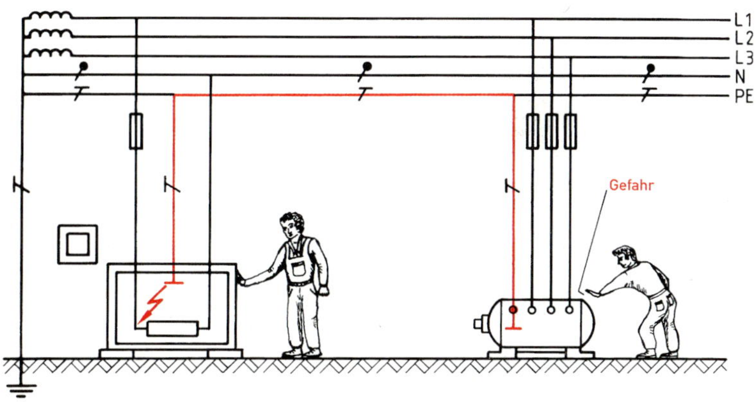

Dieser Fehler ist an diesem Körper ungefährlich.

Durch den Schutzleiter wird der Fehler auf diesen Körper verschleppt.

Warum dürfen leitfähige Teile innerhalb der Umhüllung nicht mit dem Schutzleiter verbunden werden?

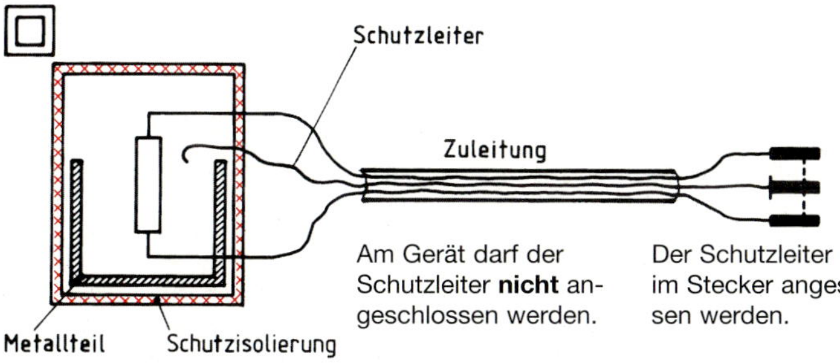

Am Gerät darf der Schutzleiter **nicht** angeschlossen werden.

Der Schutzleiter muss im Stecker angeschlossen werden.

Wie ist zu verfahren, wenn die Anschlussleitung eines Betriebsmittels einen Schutzleiter enthält?

Achtung:

Wird ein Metallteil innerhalb der Umhüllung an den Schutzleiter angeschlossen, so erfüllt das Gerät nicht mehr die Bedingungen der Schutzklasse II.

Welche Grundidee liegt der Schutztrennung zugrunde?

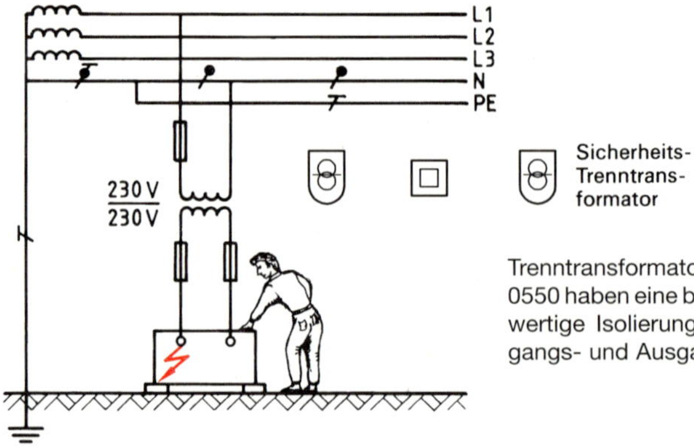

Trenntransformatoren nach VDE 0550 haben eine besonders hochwertige Isolierung zwischen Eingangs- und Ausgangsstromkreis.

Durch die galvanische Trennung kann bei einem Fehler keine gefährlich hohe Berührungsspannung entstehen.

Kommt es zusätzlich zur Berührung des anderen Leiters zum Körper, so entsteht ein Kurzschluss.

Welche Bedingungen müssen bei der Schutzmaßnahme Schutztrennung erfüllt sein?

Zur Trennung dürfen nur Trenntransformatoren der Schutzklasse II verwendet werden (oder Stromversorgungen mit gleichwertiger Sicherheit).
Die aktiven Teile müssen potentialfrei sein. Deshalb dürfen sie nicht mit der Erde oder mit aktiven Teilen anderer Stromkreise verbunden sein.
Die Körper dürfen weder mit der Erde noch mit Körpern anderer Stromkreise verbunden werden.
Ist wegen besonderer Gefährdung die Schutztrennung zwingend vorgeschrieben, dann darf an die Stromquelle nur ein Verbrauchsmittel angeschlossen werden.

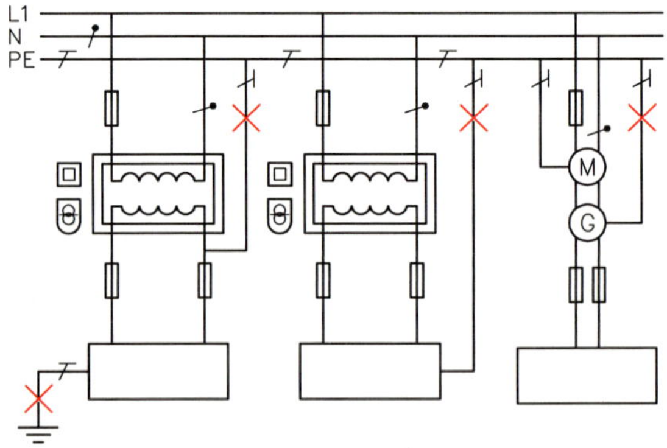

Die Spannung darf 500 V nicht überschreiten.
Zur Trennung dürfen nur Trenntransformatoren der Schutzklasse II verwendet werden oder Stromversorgungen mit gleichwertiger Sicherheit.
Die aktiven Teile müssen potentialfrei sein. Deshalb dürfen sie nicht mit der Erde oder mit aktiven Teilen anderer Stromkreise verbunden sein.
Die Körper dürfen weder mit der Erde noch mit Körpern anderer Stromkreise verbunden sein.

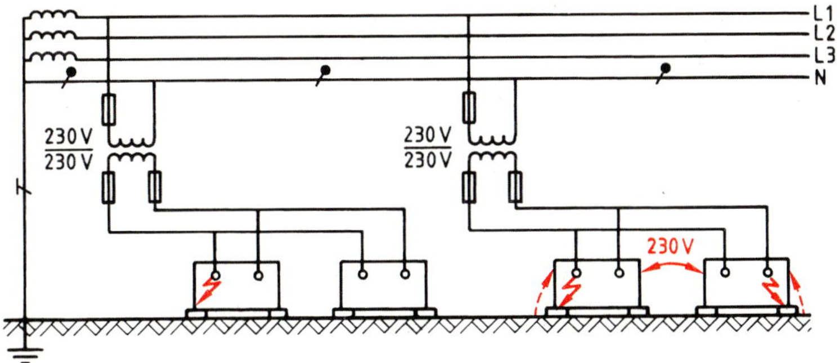

Wird durch den Anschluss mehrerer Verbrauchsmittel an eine Spannungsquelle der Schutzwert herabgesetzt?

Bei **einem** Fehler kommt es nicht zu einer gefährlich hohen Berührungsspannung.

Dieser Doppelfehler führt zu einer gefährlichen Berührungsspannung. Deshalb muss jetzt wie bei einem TN-System automatisch abgeschaltet werden.

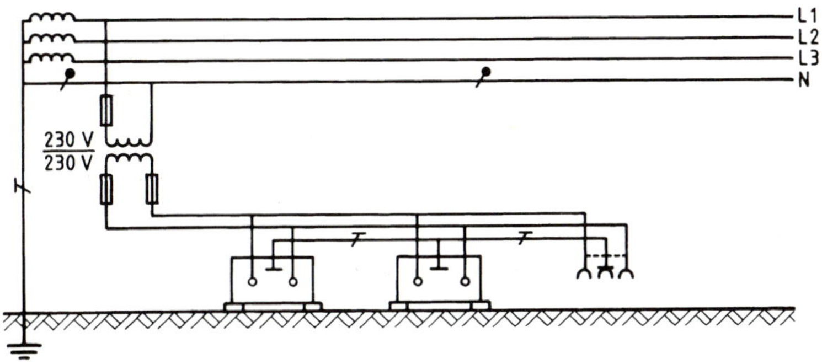

Welche zusätzliche Maßnahme ist beim Anschluss mehrerer Verbrauchsmittel an eine Spannungsquelle durchzuführen?

Die Körper der Verbrauchsmittel und die Schutzkontakte der Steckdosen müssen durch einen **isoliert** verlegten Potentialausgleichsleiter miteinander verbunden werden.

Beim Auftreten eines Doppelfehlers muss automatisch abgeschaltet werden.

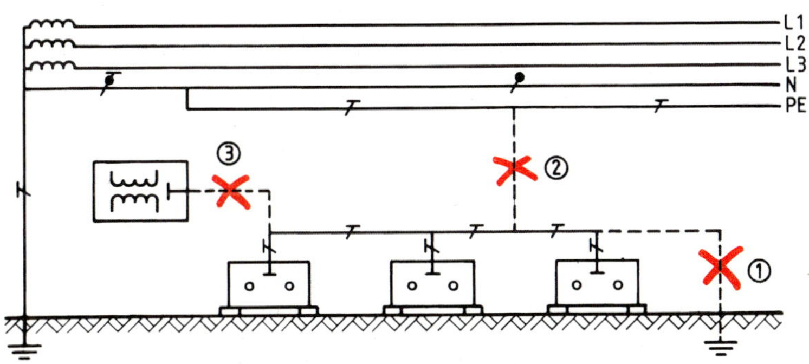

Was ist beim Anschluss des Potentialausgleichsleiters besonders zu beachten?

Der Potentialausgleichsleiter darf:

① – nicht geerdet werden,

② – nicht mit dem Schutzleiter anderer Stromkreise verbunden werden,

③ – nicht mit dem Körper des Transformators verbunden werden.

6.2 Schutz gegen elektrischen Schlag unter Fehlerbedingungen
Schutz durch Abschalten mit Fehlerstrom-Schutzeinrichtungen (RCD)
Residual Current Protective Devices

DIN VDE 0100
Teil 410

Wie ist eine Fehlerstrom-Schutzeinrichtung aufgebaut?

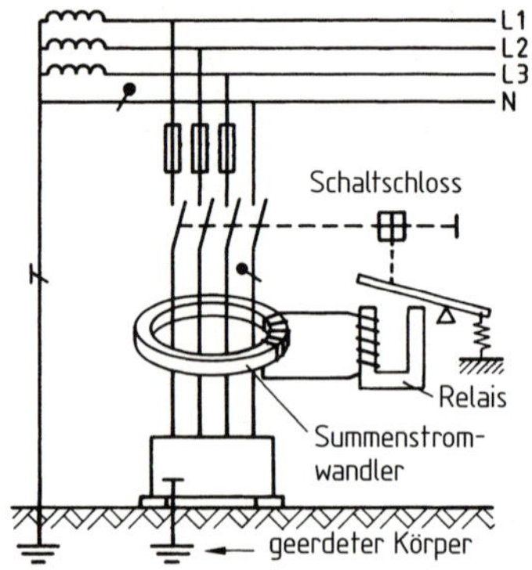

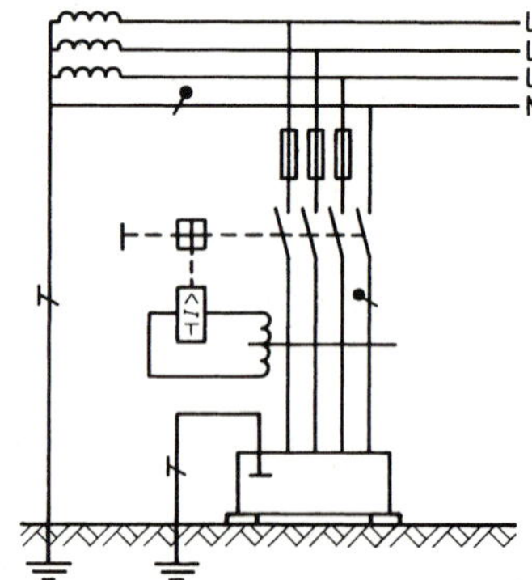

Darstellung im Stromlaufplan

Wie funktioniert eine Fehlerstrom-Schutzeinrichtung?

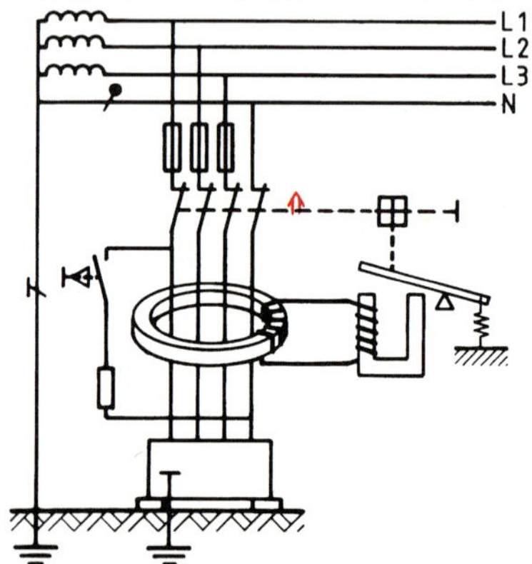

Im fehlerfreien Zustand ist $I_1 = I_2$. Im Ringkern des Summenstromwandlers entsteht deshalb kein Magnetfeld.

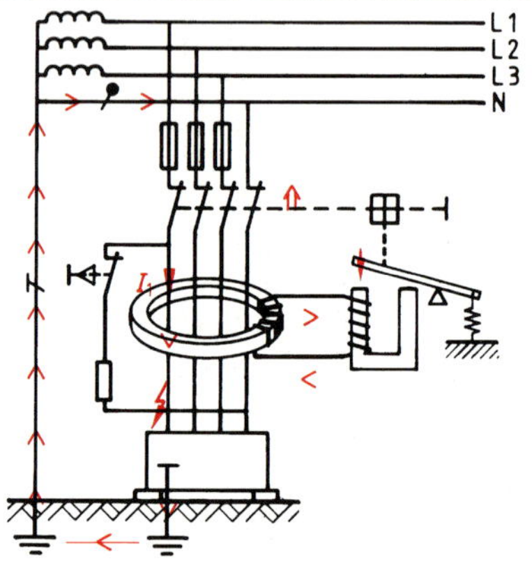

Im Fehlerfall ist I_1 um den Fehlerstrom größer als I_2. Im Ringkern entsteht ein Magnetfeld und das Auslöserelais wird erregt.

Welche Funktion hat die Prüfeinrichtung?

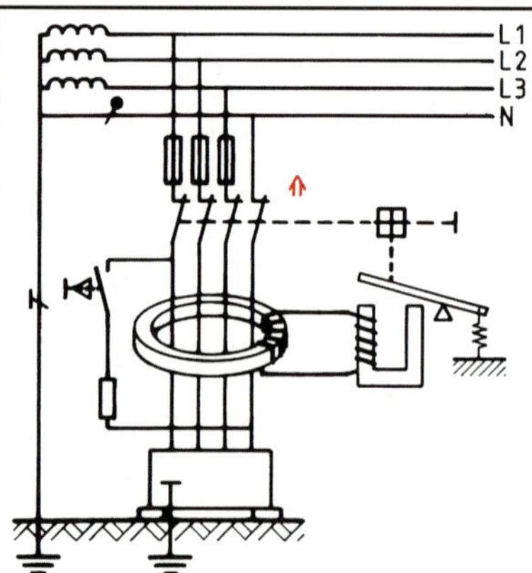

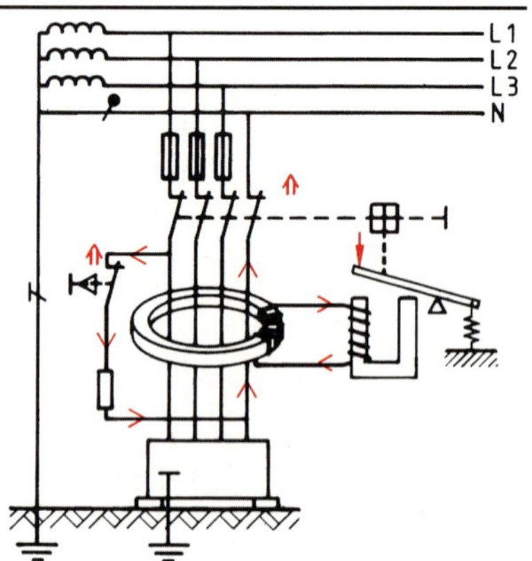

Mit der Prüfeinrichtung kann ein künstlicher Fehlerstrom geschaltet werden. Damit kann geprüft werden, ob der Schalter beim Eintreten eines Fehlerstromes abschaltet.

6.2 Schutz gegen elektrischen Schlag unter Fehlerbedingungen
Schutz durch Abschalten mit Fehlerstrom-Schutzeinrichtungen (RCD)

DIN VDE 0100
Teil 410

Was bedeuten die verschiedenen Stromangaben auf einem Fehlerstrom-Schutzschalter?

$I_n = 63\,A$

I_n ist der Nennstrom. Er gibt an, welche Stromstärken mit dem Schalter betriebsmäßig ein- und ausgeschaltet werden können.

$I_{\Delta n} = 0{,}3\,A$

$I_{\Delta N}$ ist der Nennfehlerstrom. Fließt ein Fehlerstrom der angegebenen Höhe, so muss der Fehlerstrom-Schutzschalter auslösen. Übliche Nennfehlerströme: 10 mA, 30 mA, 0,1 A, 0,3 A, 0,5 A

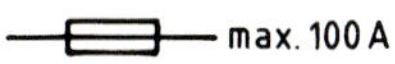

Diese Angabe sagt aus, dass der Nennstrom des vorgeschalteten Schutzorgans 100 A nicht übersteigen darf.

Diese Angabe sagt aus, dass der Schalter bis 10 000 A kurzschlussfest ist.

Welche besonderen Vorteile bietet die Fehlerstrom-Schutzeinrichtung im TT-Netz?

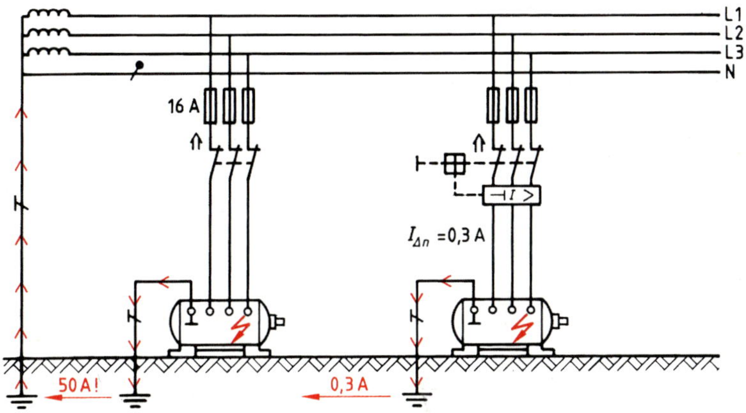

Damit bei einem Fehler die betroffene Sicherung innerhalb von 5 s auslöst, muss in diesem Falle ein sehr großer Fehlerstrom zustande kommen.

Schon bei einem Fehlerstrom von 0,3 A schaltet der Schutzschalter innerhalb von 0,2 s ab.

Wie groß darf der Erdungswiderstand des Anlagenerders sein?

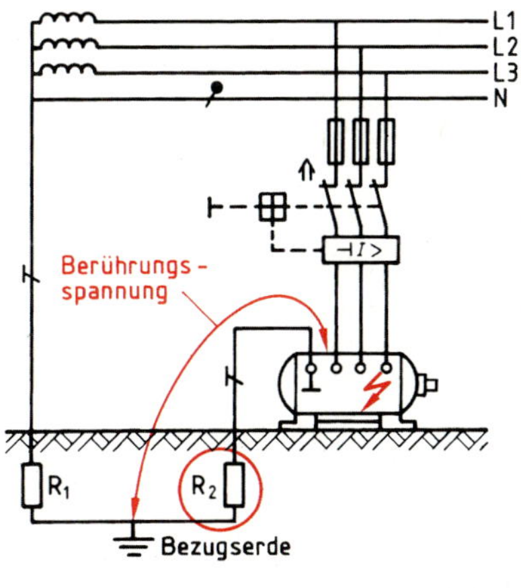

Die obere Grenze des Widerstandswertes von R_2 wird vom Nennfehlerstrom des Fehlerstrom-Schutzschalters und von der Höhe der Berührungsspannung bestimmt. Soll z. B. die Berührungsspannung 25 V nicht übersteigen, dann muss spätestens bei dieser Spannungshöhe der Nennfehlerstrom fließen.

also: $R_2 = \dfrac{\text{Berührungsspannung}}{\text{Nennfehlerstrom}}$

Beispiel: $U_B = 50\,V$; $I_{\Delta n} = 0{,}3\,A$

$R_2 = \dfrac{50\,V}{0{,}3\,A} = 166\,W$

6.2 Schutz gegen elektrischen Schlag unter Fehlerbedingungen
Schutz durch Abschalten mit Fehlerstrom-Schutzeinrichtungen (RCD)

DIN VDE 0100
Teil 410

Können mehrere Geräte mit einer Fehlerstrom-Schutzeinrichtung geschaltet werden?

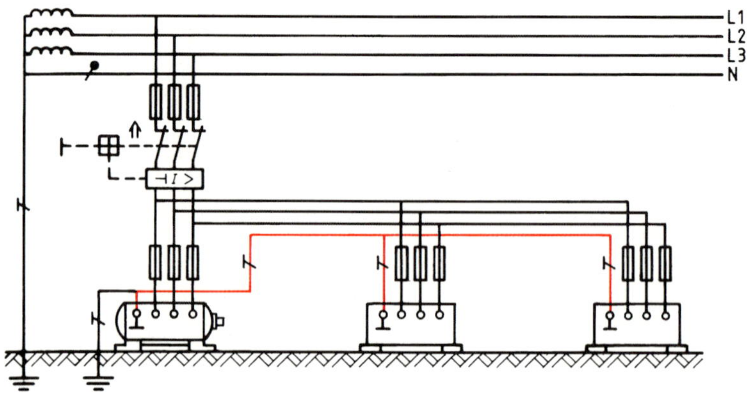

Eine Fehlerstrom-Schutzeinrichtung kann mehrere Geräte schützen. Die Zahl der Geräte wird durch die Nennstromstärke des Schalters begrenzt.
Die gemeinsam geschützten Körper müssen an einem gemeinsamen Erder angeschlossen werden.

Welche „Schwachstelle“ hat die Fehlerstrom-Schutzeinrichtung im TT-Netz?

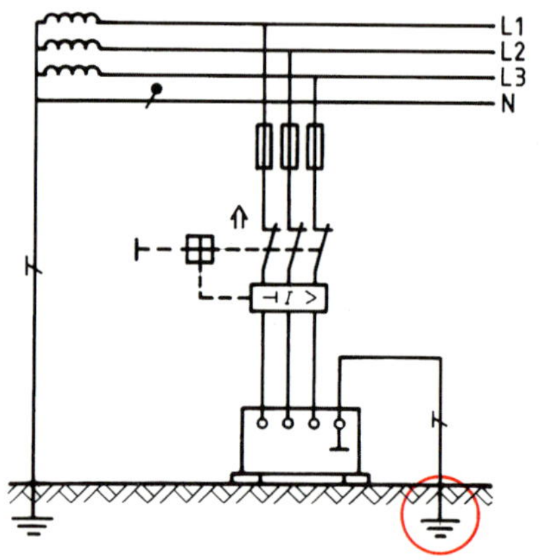

Die Wirksamkeit der Schutzmaßnahme hängt vom Zustand des Erders ab. Im privaten Bereich und auf Baustellen wird der technische Zustand des Erders in der Regel nicht systematisch überwacht.

Welche besonderen Vorteile hat die Fehlerstrom-Schutzeinrichtung im TN-Netz?

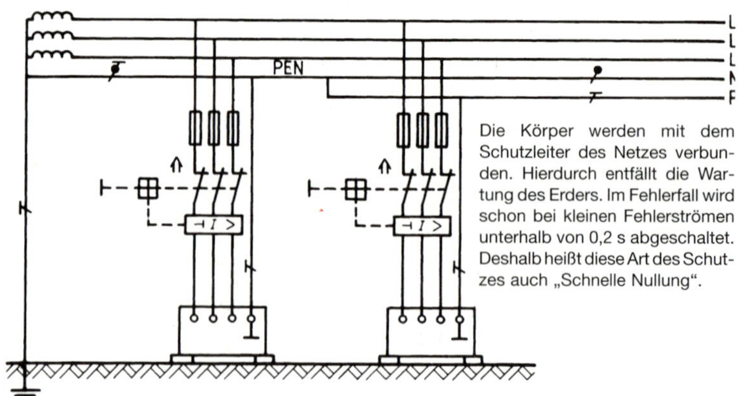

Die Körper werden mit dem Schutzleiter des Netzes verbunden. Hierdurch entfällt die Wartung des Erders. Im Fehlerfall wird schon bei kleinen Fehlerströmen unterhalb von 0,2 s abgeschaltet. Deshalb heißt diese Art des Schutzes auch „Schnelle Nullung“.

6.2 Schutz gegen elektrischen Schlag unter Fehlerbedingungen
Schutz durch Abschalten mit Fehlerstrom-Schutzeinrichtungen (RCD)

DIN VDE 0100
Teil 410

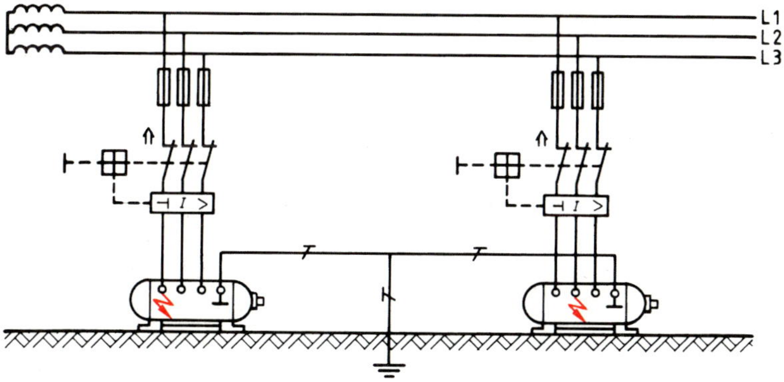

Welche Vorteile hat die Fehlerstrom-Schutzeinrichtung im IT-Netz?

Beim Auftreten **eines** Fehlers kommt kein Fehlerstrom zustande, und es besteht keine Berührungsspannung.

Erst bei einem **zweiten** Fehler mit einem anderen Netzleiter entsteht zwischen beiden Netzleitern eine Fehlerschleife. Der „sensiblere" der beiden Schalter löst jetzt aus.

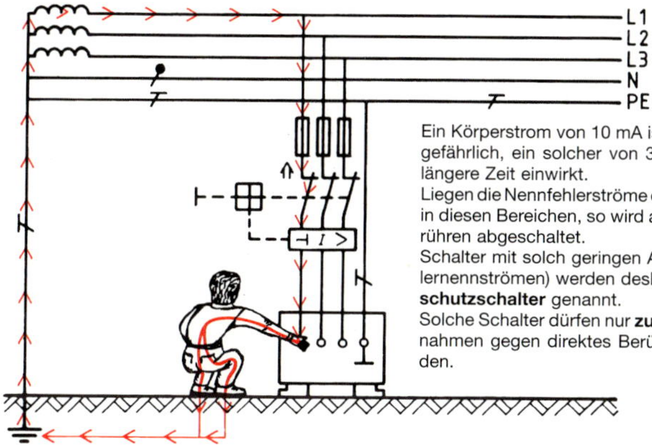

Kann eine Fehlerstrom-Schutzeinrichtung auch bei direktem Berühren schützen?

Ein Körperstrom von 10 mA ist im Allgemeinen ungefährlich, ein solcher von 30 mA, wenn er nicht längere Zeit einwirkt.
Liegen die Nennfehlerströme der Schutzeinrichtung in diesen Bereichen, so wird auch bei direktem Berühren abgeschaltet.
Schalter mit solch geringen Auslöseströmen (Fehlernennströmen) werden deshalb auch **Personenschutzschalter** genannt.
Solche Schalter dürfen nur **zusätzlich** zu den Maßnahmen gegen direktes Berühren eingesetzt werden.

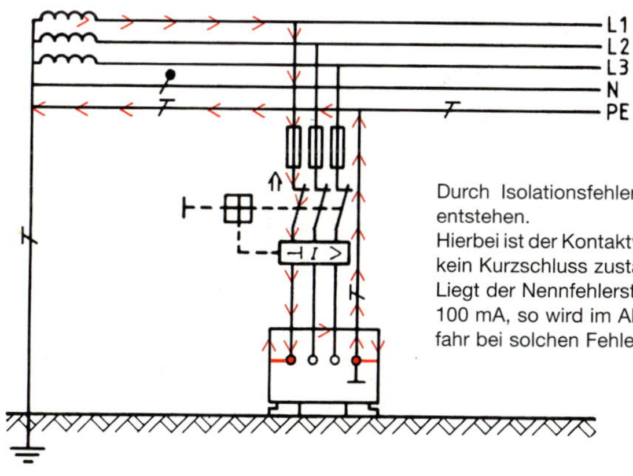

Kann mit einer Fehlerstrom-Schutzeinrichtung auch die Brandgefahr verringert werden?

Durch Isolationsfehler können Schmorstellen entstehen.
Hierbei ist der Kontaktwiderstand so groß, dass kein Kurzschluss zustande kommt.
Liegt der Nennfehlerstrom des Schalters unter 100 mA, so wird im Allgemeinen die Brandgefahr bei solchen Fehlern verringert.

Achtung: Fehlerspannungs-Schutzeinrichtungen sind nicht mehr genormt!

Welche Konsequenz folgt daraus, dass FU-Schutzschalter nicht genormt sind?

Betriebsmittel, die keiner DIN-VDE-Produktnorm entsprechen, dürfen nicht eingesetzt werden.
Der Einsatz nicht genormter Betriebsmittel ist nur in Eigenverantwortung möglich!

Wie ist eine Fehlerspannungs-Schutzeinrichtung aufgebaut?

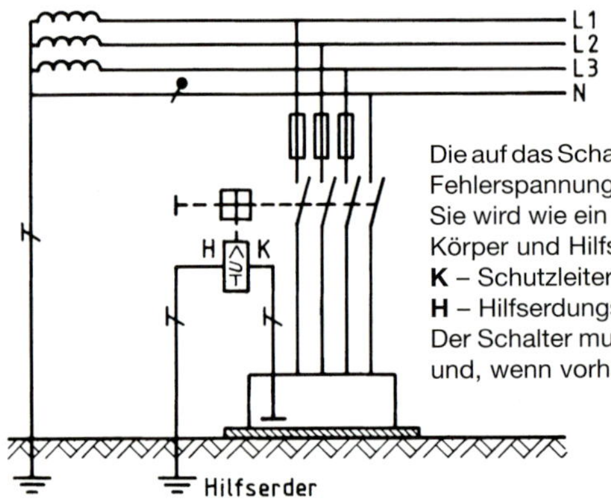

Die auf das Schaltschloss wirkende Spule heißt Fehlerspannungsspule.
Sie wird wie ein **Spannungsmesser** zwischen Körper und Hilfserder angeschlossen.
K – Schutzleiteranschluss
H – Hilfserdungsanschluss
Der Schalter muss **alle** Außenleiter abschalten und, wenn vorhanden, auch den Neutralleiter.

Wie funktioniert die Fehlerspannungs-Schutzeinrichtung?

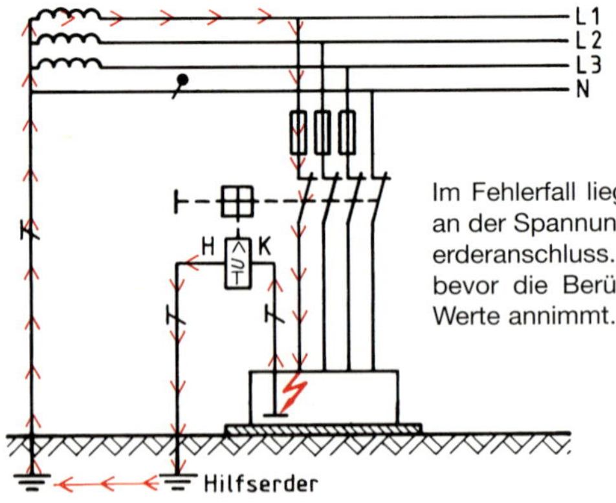

Im Fehlerfall liegt die Fehlerspannungsspule an der Spannung zwischen Körper und Hilfserderanschluss. Der Schalter muss auslösen, bevor die Berührungsspannung gefährliche Werte annimmt.

Welches ist die besondere Schwachstelle dieser Schutzmaßnahme?

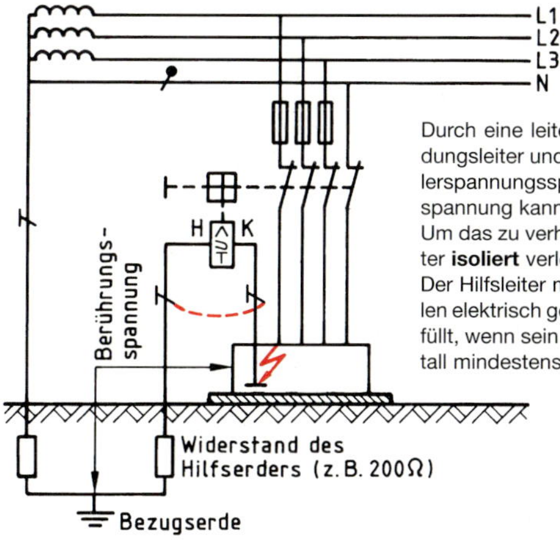

Durch eine leitende Verbindung zwischen Hilfserdungsleiter und Schutzleiter (Körper) wird die Fehlerspannungsspule überbrückt. Die Berührungsspannung kann jetzt gefährliche Werte annehmen. Um das zu verhindern, **muss** der Hilfeserdungsleiter **isoliert** verlegt werden.
Der Hilfsleiter muss von allen geerdeten Metallteilen elektrisch getrennt sein. Diese Forderung ist erfüllt, wenn sein Abstand von jedem geerdeten Metall mindestens **10 m** beträgt.

Welche Bedeutung hat die Fehlerspannungs-Schutzeinrichtung?

In der Hausinstallation wird diese Schutzmaßnahme nicht mehr angewendet. Sie ist hier von der Fehlerstrom-Schutzeinrichtung abgelöst worden. Im Bereich elektronischer Betriebsmittel kann es vorkommen, dass im Fehlerfall die Ströme nicht groß genug sind, um andere Schutzeinrichtungen auszulösen.

Warum darf die Fehlerspannungs-Schutzeinrichtung im TN-Netz nicht angewendet werden?

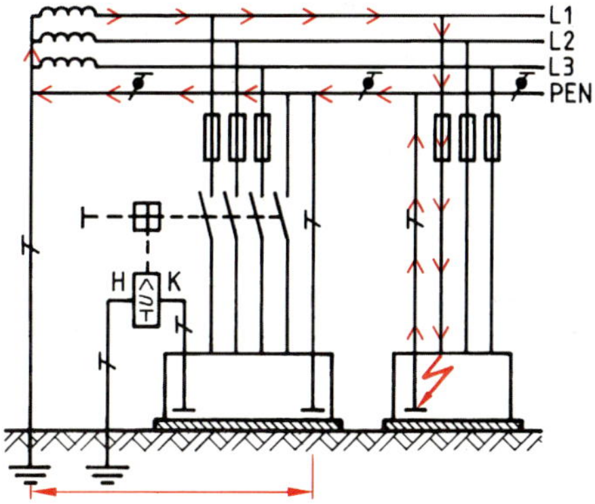

Da in TN-Netzen alle Körper mit dem geerdeten Schutzleiter verbunden sind, kann es vorkommen, dass im Fehlerfall eine Fehlerspannungs-Schutzeinrichtung auslöst, obwohl der durch sie geschützte Anlagenteil selber fehlerfrei ist.

Der Spannungsfall an diesem Teil des PEN-Leiters kann zur Auslösung des FU-Schalters führen.

Was ist bei der Anwendung der Fehlerspannungs-Schutzeinrichtung in TT-Netzen zu beachten?

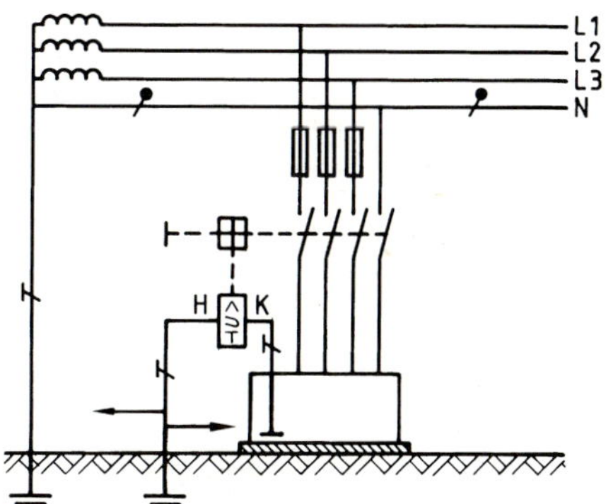

1. Der Widerstand des Hilfserders darf 200 Ω nicht überschreiten.
2. Bei besonders ungünstigen Erdungsbedingungen (z. B. bei felsigem Boden) darf in Ausnahmefällen der Widerstand des Hilfserders bis 500 Ω betragen.
3. Werden mehrere Körper durch eine Fehlerspannungs-Schutzeinrichtung geschützt, so müssen sie an einen gemeinsamen Hilfserder angeschlossen werden.

6.2 Schutz gegen elektrischen Schlag unter Fehlerbedingungen Schutz durch Abschalten im IT-System

DIN VDE 0100 Teil 410

Was ist das Besondere eines IT-Systems?

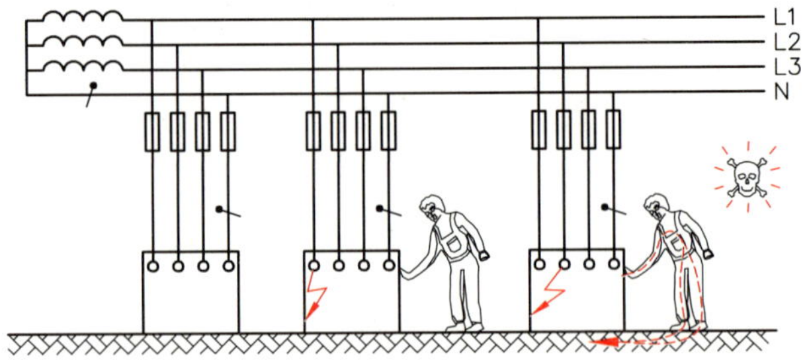

In einen IT-System darf kein aktives Teil eine niederohmige Verbindung zur Erde haben.

Tritt ein Isolationsfehler auf (1. Fehler), ist der Körperstrom annähernd 0.

Erst durch einen zweiten Isolationsfehler entsteht die Gefahr eines elektrischen Schlages.

Wo werden IT-Systeme bevorzugt eingerichtet?

Überall dort wo für die Verbraucher eine höhere Betriebssicherheit gefordert ist, z. B. in Krankenhäusern, Bergwerken, chemischen Betrieben.
In solchen Bereichen ist es unerwünscht oder gefährlich, wenn ein Gerät bei einem Fehler sofort automatisch vom Netz getrennt wird.

Durch welche zusätzliche Maßnahme wird die höhere Betriebssicherheit gesichert?

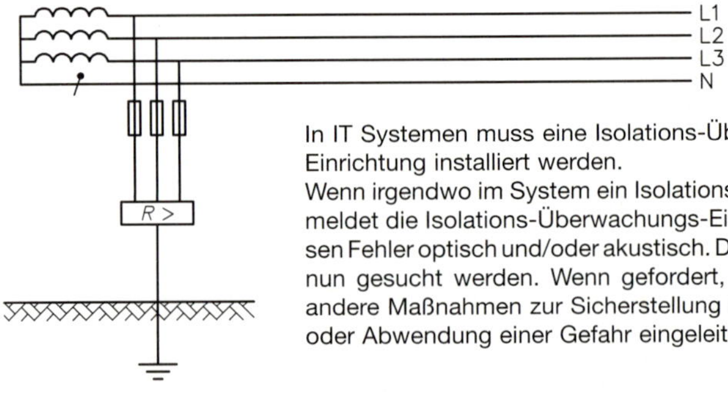

In IT Systemen muss eine Isolations-Überwachungs-Einrichtung installiert werden.
Wenn irgendwo im System ein Isolationsfehler auftritt, meldet die Isolations-Überwachungs-Einrichtung diesen Fehler optisch und/oder akustisch. Der Fehler kann nun gesucht werden. Wenn gefordert, können auch andere Maßnahmen zur Sicherstellung des Betriebes oder Abwendung einer Gefahr eingeleitet werden.

Was muss zusätzlich zur Installation einer Isolations-Überwachungs-Einrichtung geschehen?

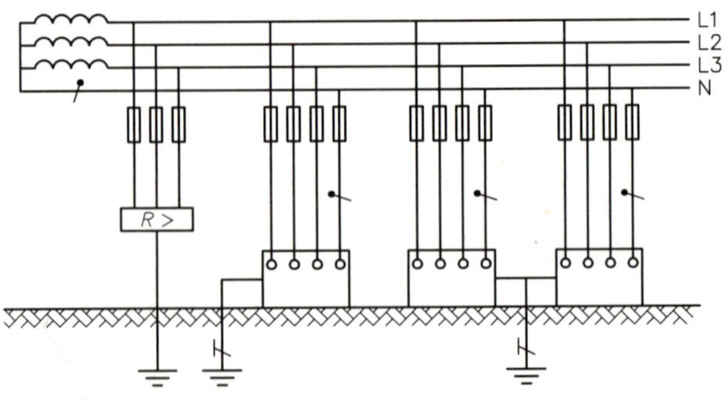

Alle Körper müssen einzeln, in Gruppen oder gemeinsam geerdet werden.

6.2 Schutz gegen elektrischen Schlag unter Fehlerbedingungen
Schutz durch Abschalten im IT-System

DIN VDE 0100
Teil 410

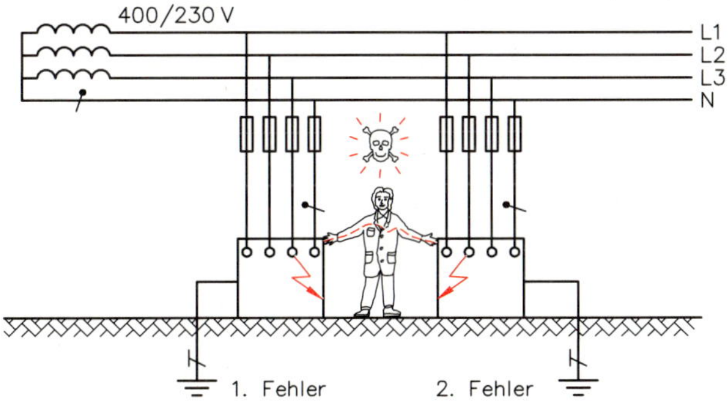

Im ungünstigsten Fall ist die Fehlerspannung so hoch wie die Außenleiterspannung!

> Mit welchen Berührungsspannungen ist beim Eintreten eines 2. Fehler zu rechnen?

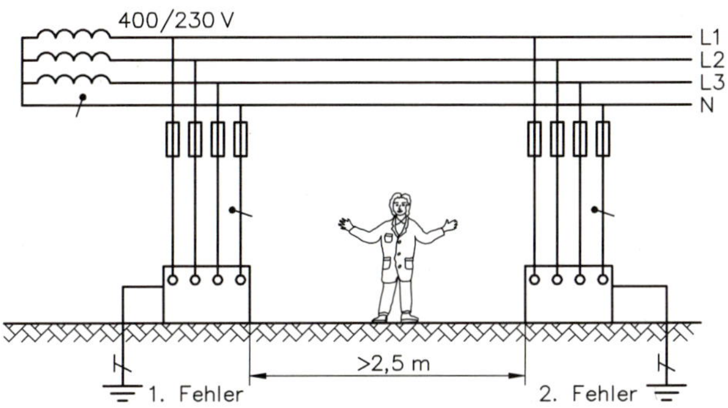

Der Abstand zwischen einzeln geerdeten Körpern muss mehr als 2,5 m betragen!

> Welche Konsequenz folgt aus der möglichen hohen Berührungsspannung?

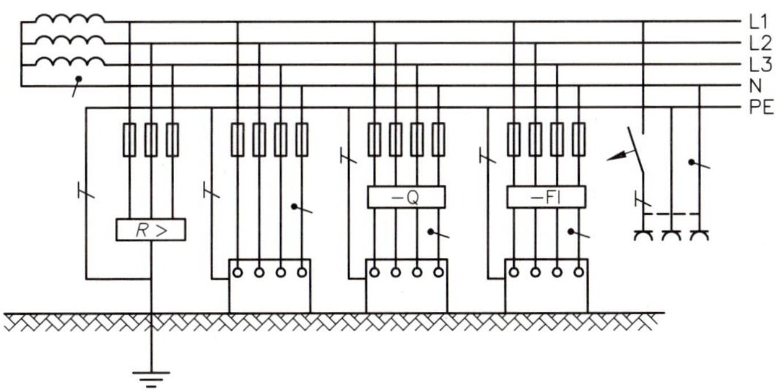

Wie in einem TN-System, automatisches Abschalten

mit Sicherungen	mit Leistungsschalter	mit Fehlerstromschutzeinrichtung	mit Leitungsschutzschaltern

Bei Schutzeinrichtungen im Neutralleiter darf der Neutralleiter nur zusammen mit den anderen Außenleitern unterbrochen werden!

> Welche Schutzmaßnahmen gegen elektrischen Schlag im Falle eines 2. Fehlers wird in einem IT-System angewendet?

Welche Grundidee liegt dieser Maßnahme zugrunde?

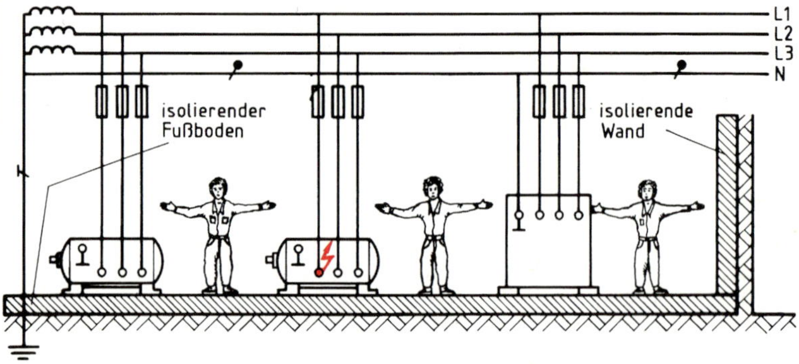

Die Körper aller Betriebsmittel sind durch die Fußboden- und Wandisolierung erdfrei. Wenn weder zwei Körper gleichzeitig, noch ein Körper und gleichzeitig ein fremdes leitfähiges Teil berührt werden kann, so entsteht selbst bei Ausfall der Basisisolierung keine gefährliche Berührungsspannung.

Achtung: Ein nicht hinreichend isolierter Fußboden bzw. eine nicht hinreichend isolierte Wand gelten als fremdes leitfähiges Teil!

Welche Abstände und welche Isolationswiderstände müssen eingehalten werden?

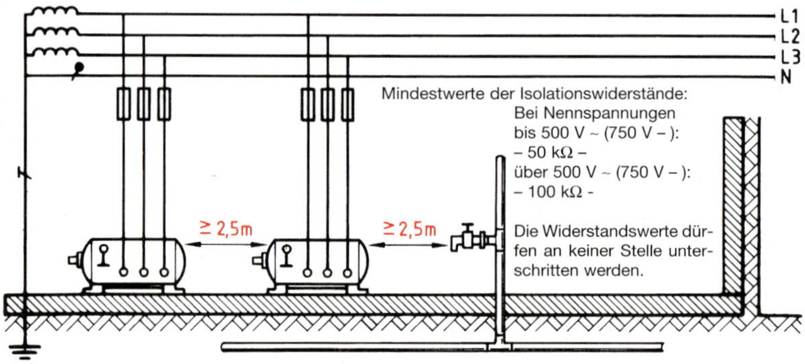

Der Abstand zwischen Körper und zwischen Körper und leitfähigen Teilen muss mindestens 2,5 m betragen.

Warum dürfen bei dieser Schutzmaßnahme keine Schutzleiter angeschlossen werden?

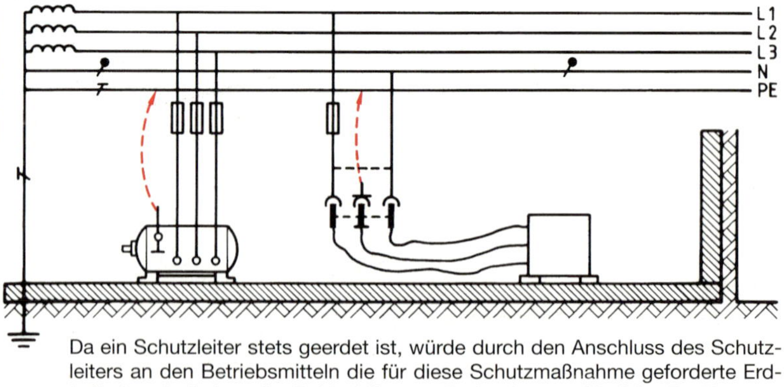

Da ein Schutzleiter stets geerdet ist, würde durch den Anschluss des Schutzleiters an den Betriebsmitteln die für diese Schutzmaßnahme geforderte Erdfreiheit aufgehoben. Im Fehlerfalle entständen jetzt gefährliche Berührungsspannungen.

6.2 Schutz gegen elektrischen Schlag unter Fehlerbedingungen Schutz durch erdfreien, örtlichen Potentialausgleich

DIN VDE 0100
Teil 410

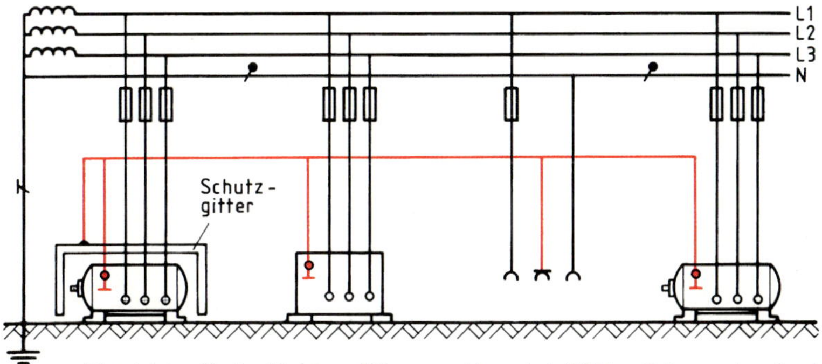

Was versteht man unter einem erdfreien örtlichen Potentialausgleich?

Alle gleichzeitig berührbaren Körper und fremde leitfähige Teile werden durch einen Potentialausgleichsleiter miteinander verbunden. Dieses Leitungssystem **darf nicht** mit der Erde in Berührung kommen.

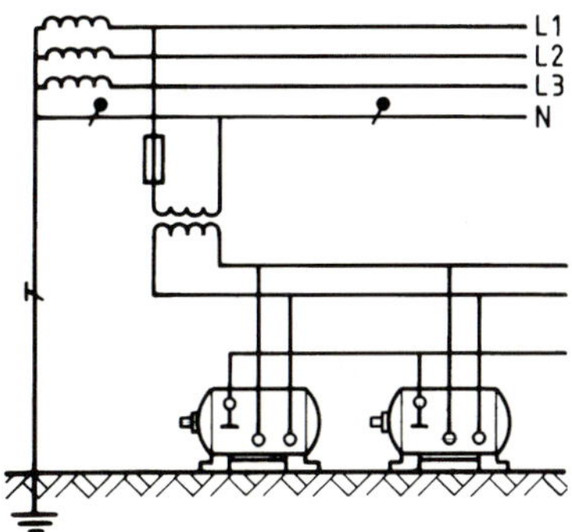

z. B. erdfrei durch Schutztrennung

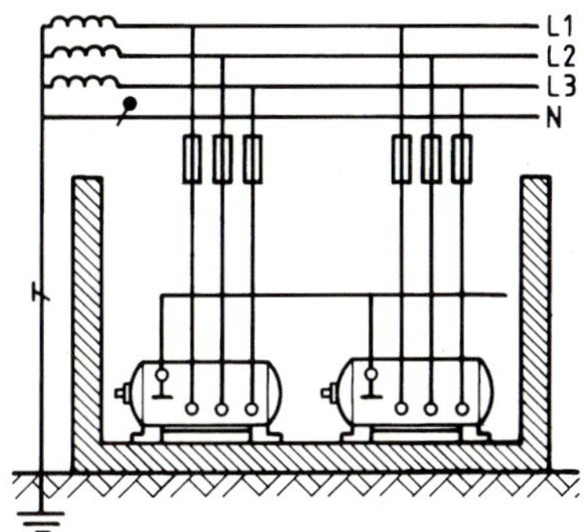

z. B. erdfrei durch Isolation

In welchen Anlagen kann diese Maßnahme nur angewendet werden ?

Alle Anlagen müssen **frei** von Erdpotentialen sein.

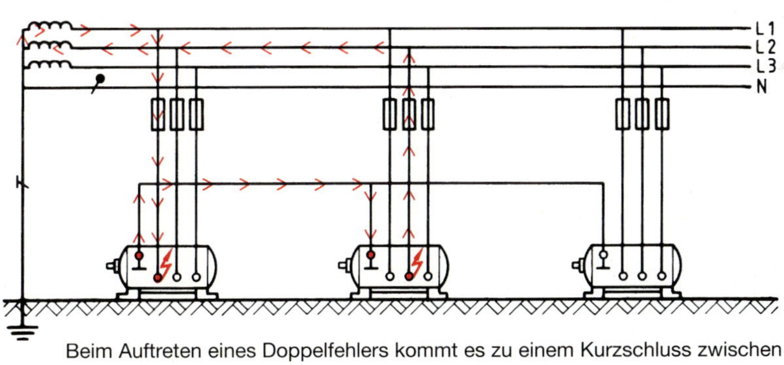

Welche Folge hat ein „Doppelfehler“ (Körperschluss zu zwei Außenleitern)?

Beim Auftreten eines Doppelfehlers kommt es zu einem Kurzschluss zwischen zwei Außenleitern.

Weshalb gibt es für Räume mit Badewanne oder Dusche besondere Sicherheitsbereiche?

Bei Nässe sinkt der Körperwiderstand des Menschen. Elektrische Schläge sind deshalb besonders gefährlich.

Wie sind die Bereiche bei Wannen festgelegt?

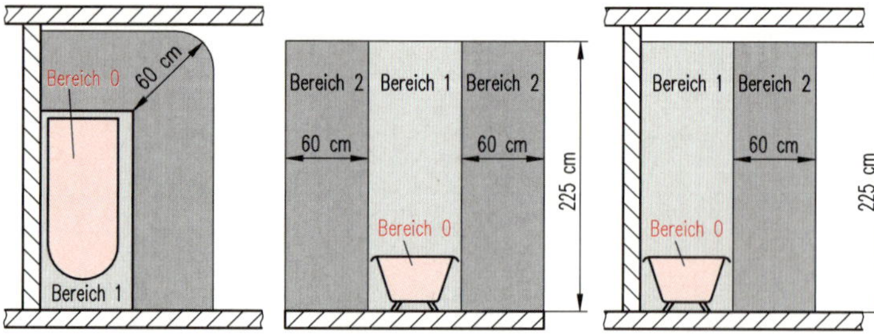

Wie sind die Bereiche bei Duschen festgelegt?

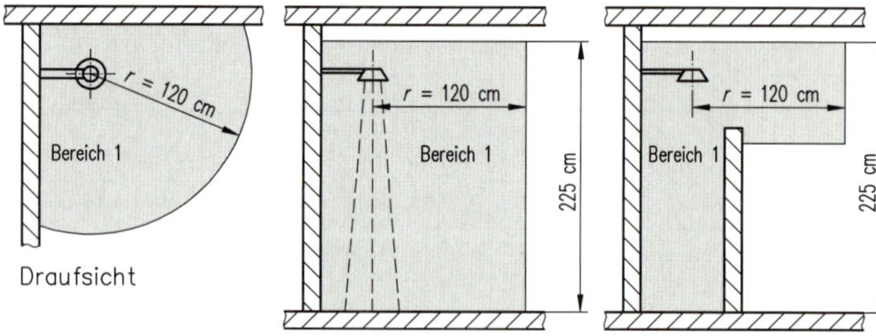

Draufsicht

Welche Betriebsmittel dürfen in den einzelnen Bereichen errichtet werden?

Welche Schutzmaßnahmen werden in den einzelnen Bereichen gefordert?

	Elektrische Installationsgeräte	Elektrische Verbrauchsmittel
Bereich 0	Keine	Fest angeschlossene und für diesen Bereich zugelassene Verbrauchsmittel mit der Schutzmaßnahme SELV mit einer Nennspannung bis AC 120 V oder DC 30 V
Bereich 1	Verbindungs- und Abzweigdosen von für diesen Bereich zulässigen Verbrauchsmittel Schalter und Steckdosen in SELV- oder PELV-Stromkreisen mit Nennspannungen bis AC 25 V oder DC 60 V	Fest angebrachte und fest angeschlossene Wassererwärmer, Whirlpooleinrichtungen und Abwasserpumpen und Verbrauchsmittel mit der Schutzmaßnahme SELV oder PELV mit Nennspannungen bis AC 25 V oder DC 60 V **Achtung!** Stromquellen für SELV und PELV sind nicht zulässig!
Bereich 2	Verbindungs- und Abzweigdosen von für diesen Bereich zulässigen Verbrauchsmittel Schalter und Steckdosen in SELV- oder PELV-Stromkreisen mit Nennspannungen bis AC 25 V oder 60 V Rasiersteckdosen-Einheiten	Hier dürfen alle elektrischen Verbrauchsmittel errichtet werden. **Achtung!** Steckdosen und Schalter sind keine Verbrauchsmittel. Sie dürfen nur außerhalb der Bereiche errichtet werden.

Was gilt grundsätzlich für alle Baderäume?

Für alle Baderäume gilt die Schutzmaßnahme Fehlerstromschutzeinrichtung (RCD) mit einem Bemessungsdifferenzstrom 30 mA oder kleiner.

6.2 Schutz gegen gefährliche Körperströme bei indirektem Berühren Besondere Maßnahmen in Räumen mit Badewanne oder Dusche	DIN VDE 0100 Teil 701

Im Bereich 0: mindestens IPX7 (zeitweiliges Untertauchen)

Im Bereich 1: mindestens IPX4 (Spritzwasser)

Im Bereich 2: mindestens IPX4 (Spritzwasser)

Welche Anforderungen gelten für die Verbrauchsmittel im Hinblick auf Berührungs- und Fremdkörperschutz?

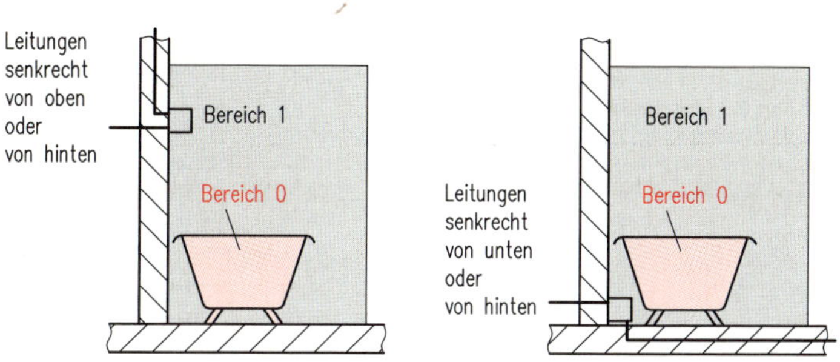

Wie sind die Leitungen an die Verbrauchsmittel heran zu führen?

Es dürfen nur die Leitungen verlegt werden, die der Versorgung der elektrischen Betriebsmittel im Raum dienen.

Stegleitungen dürfen bis zu einer Tiefe von 6 cm nicht verlegt werden.

Leitungen zur Versorgung anderer Räume dürfen in die Außenwände nur verlegt werden, wenn eine Restwanddicke von 6 cm erhalten bleibt.

Welche Einschränkungen gelten für die Leitungsverlegung?

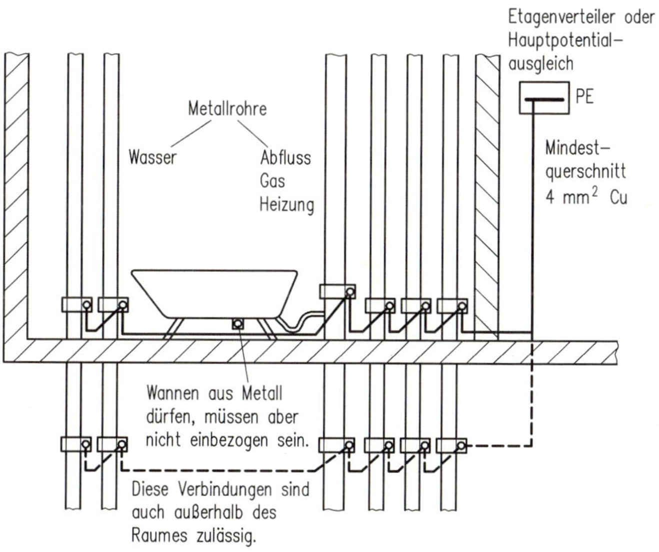

Wie muss der Potentialausgleich durchgeführt werden?

Wer muss prüfen, und wann muss geprüft werden?

Der **Errichter** muss vor der Inbetriebnahme einer

- neu errichteten,
- geänderten,
- instand gesetzten,
- erweiterten

} elektrischen Anlage

prüfen, ob alle Festlegungen für den Schutz von Personen, Tieren, Sachen eingehalten worden sind.

Was genau ist mit Prüfen gemeint?

Die Prüfung beginnt mit dem systematischen **Besichtigen**. (Systematisches Besichtigen begleitet die Erstellung einer Anlage von Anfang an).

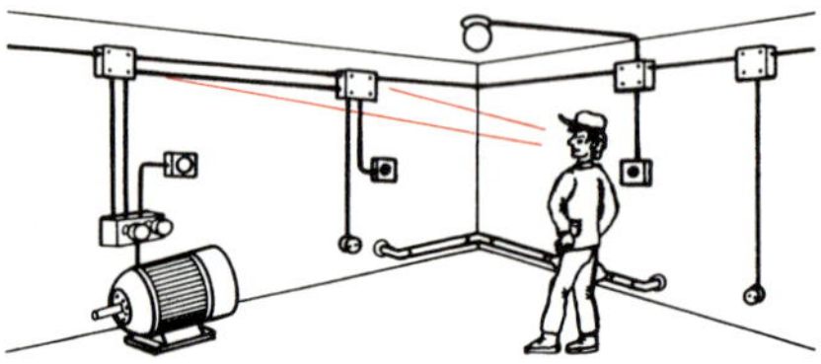

Es folgt das **Erproben** von Schutz-, Überwachungs- und Meldeeinrichtungen.

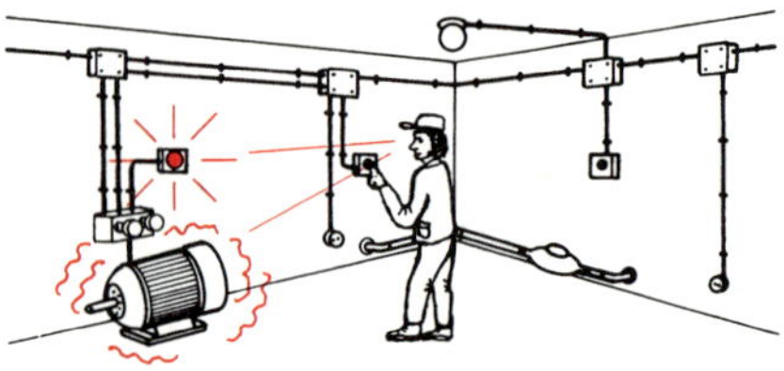

Darauf folgt (wenn erforderlich) das **Messen** für die Beurteilung der Wirksamkeit von Schutzmaßnahmen.

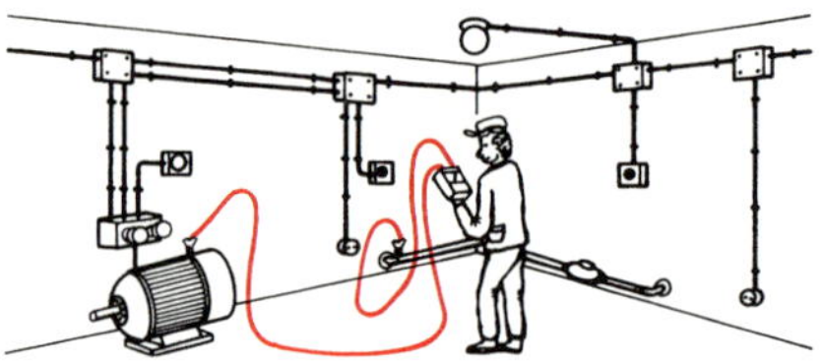

Was ist beim Besichtigen im einzelnen festzustellen?

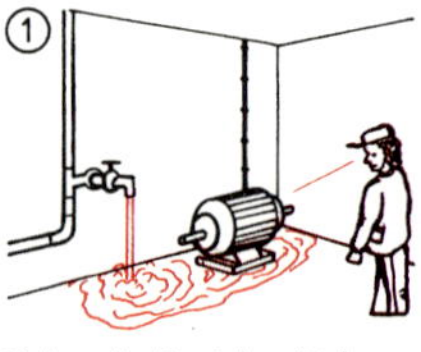

Halten die Betriebsmittel den äußeren Einflüssen stand?

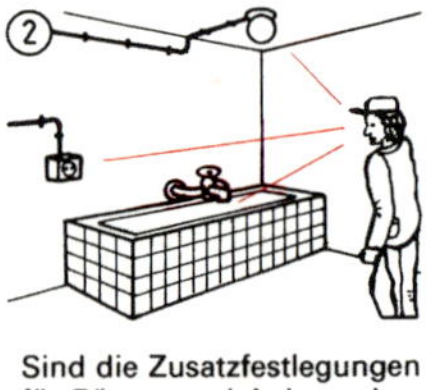

Sind die Zusatzfestlegungen für Räume und Anlagen besonderer Art eingehalten?

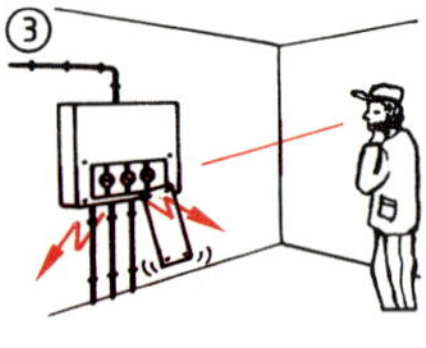

Haben die Betriebsmittel erkennbare Mängel?

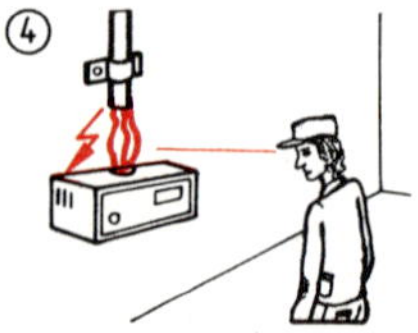

Ist die Isolierung der aktiven Teile in Ordnung?

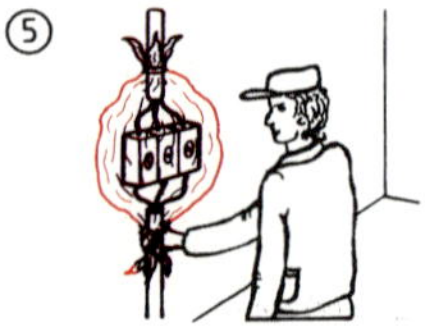

Entsprechen Abdeckungen und Umhüllungen den Bestimmungen?

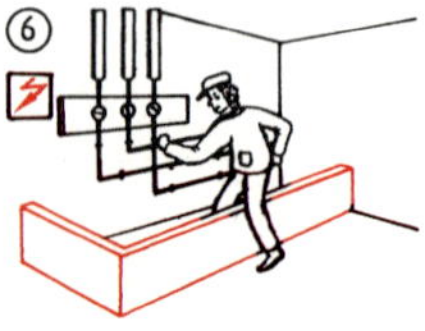

Erfüllen die Hindernisse ihren Zweck?

7 Erstprüfungen von Starkstromanlagen mit Nennspannungen bis 1 000 V Allgemeine Prüfungen

DIN VDE 0100 Teil 610

Was ist beim Besichtigen im Einzelnen festzustellen?

Ist der Abstand den Vorschriften entsprechend?

Sind Leitungs- und Kabeldurchführungen ordnungsgemäß abgeschottet?

Sind die Montageanleitungen des Betriebsmittels eingehalten?

Sind die Überstromschutzeinrichtungen richtig ausgewählt und eingestellt?

Sind die Überwachungseinrichtungen richtig ausgewählt und eingestellt?

Ist die Anlage durch Pläne hinreichend dokumentiert?

Welche Betriebsmittel und Einrichtungen müssen erprobt werden ?

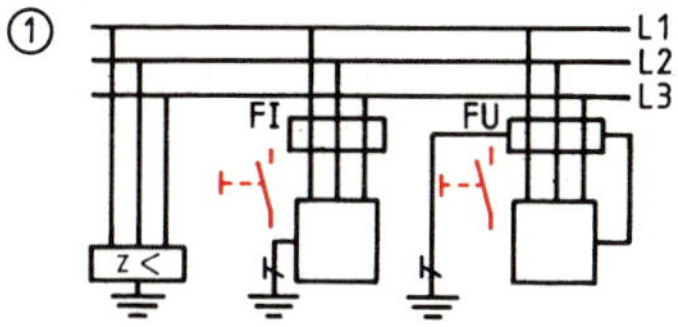

Lösen Isolationsüberwachungseinrichtungen, Fehlerstrom- und Fehlerspannungseinrichtungen beim Betätigen der Prüftaste aus?

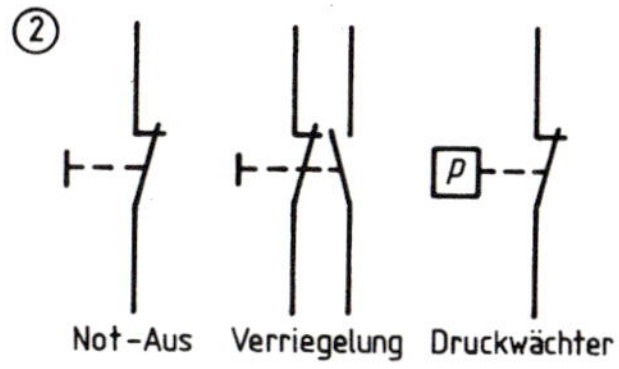

Sind die Sicherheitseinrichtungen wirksam?

Sind Melde- und Anzeigeeinrichtungen funktionsfähig?

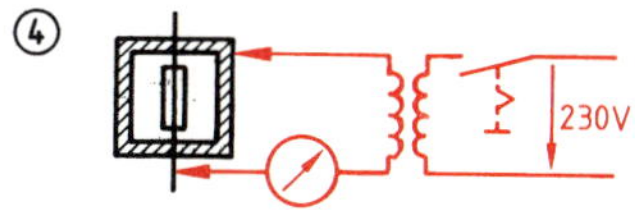

Hält die Isolierung, wenn nicht vom Hersteller garantiert, einer Spannungsprüfung stand?

In welchen Bereichen muss gemessen werden?

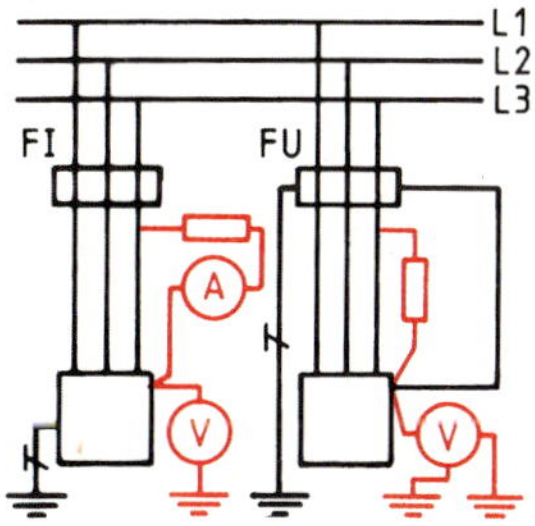

Fehlerstrom Berührspannung

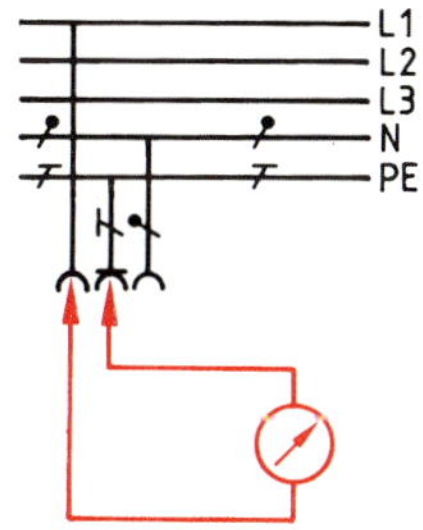

Schleifenwiderstand

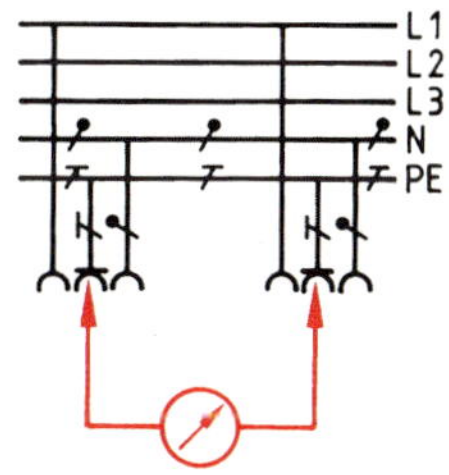

Schutzleiterwiderstand
Erdungsleiterwiderstand
Potentialausgleichsleiterwiderstand

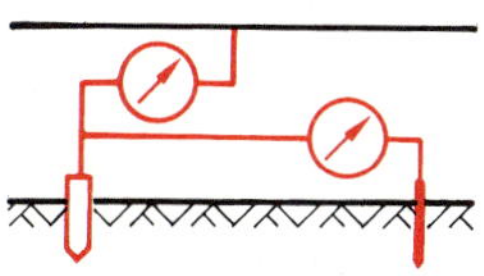

Erdungswiderstand

Widerstand von Fußböden und Wänden

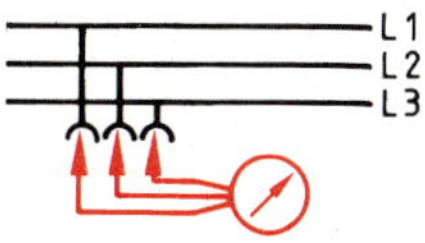

unter Umständen Drehrichtung des Drehfeldes

Was muss durch die Besichtigung festgestellt werden?

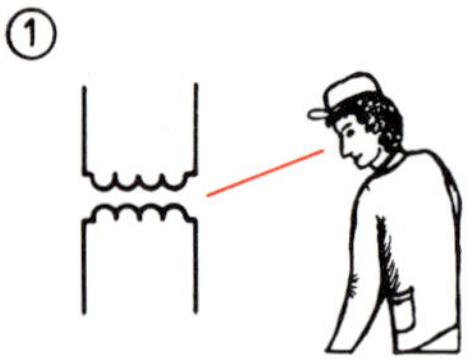

Ist der Transformator ein Sicherheitstransformator nach VDE 0551?

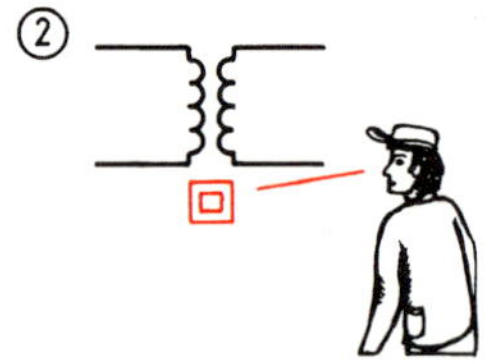

Sind die Transformatoren schutzisoliert (Schutzklasse II)?

Entsprechen alle Betriebsmittel DIN/VDE 196 Teil 101?

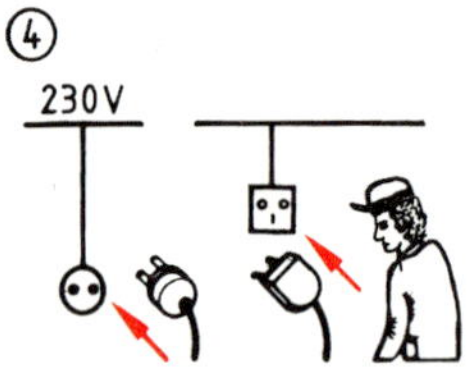

Können die Stecker nicht in „falsche" Steckdosen eingeführt werden?

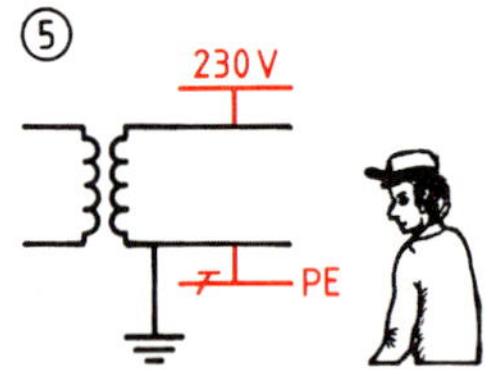

Ist kein elektrisches Teil mit Erde, mit einem Schutzleiter oder mit einem anderen Stromkreis verbunden?

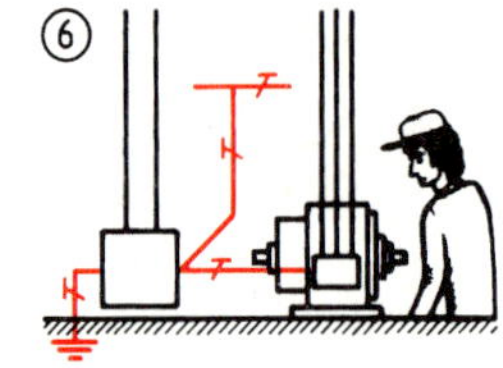

Sind die Körper nicht mit Erde, mit dem Schutzleiter oder einem Körper eines anderen Stromkreises verbunden?

Worauf ist bei Nennspannungen über 25 V ~ bzw. 60 V – besonders zu achten?

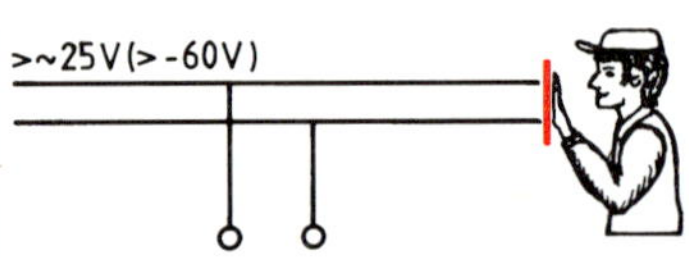

Sind bei Nennspannungen über ~ 25 V bzw. – 60 V die Schutzmaßnahmen gegen direktes Berühren erfüllt?

Was muss durch Erproben festgestellt werden?

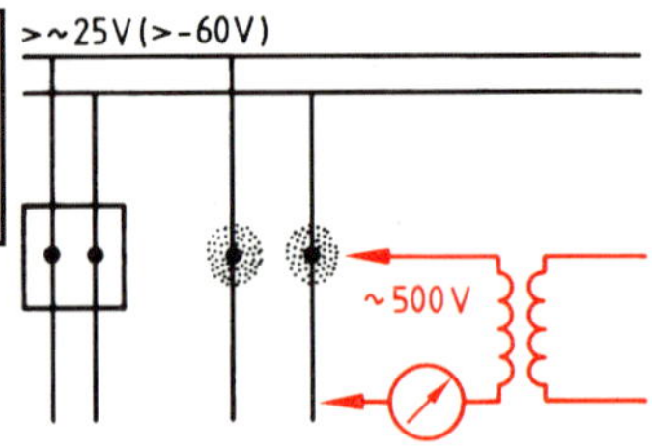

Prüfspannung 500 V!

Ist die Nennspannung größer als ~ 25 V oder – 60 V und wird anstelle einer Abdeckung oder Umhüllung eine Isolierung verwendet, so muss in Zweifelsfällen die Spannungsfestigkeit während einer Minute geprüft werden.

Was muss gemessen werden?

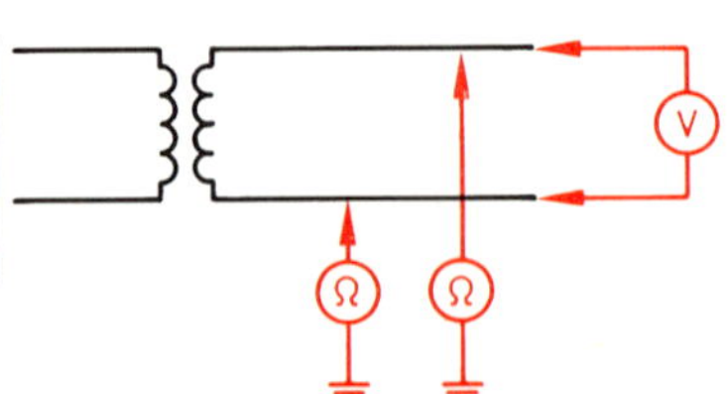

1. Die Spannung zur Kontrolle der Spannungsgrenzen.
2. Der Isolationswiderstand der Leiter gegen Erde.
   Messgleichspannung: 250 V
   ≥ 0,25 MΩ.
   Mindestwert des Isolationswiderstandes:
   ≥ 0,25 MΩ.

Funktionskleinspannung mit sicherer Trennung (PELV)

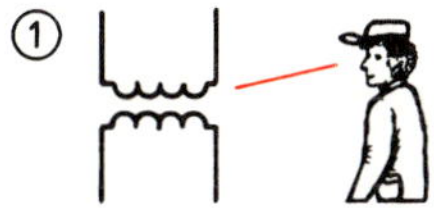

Ist der Transformator ein Sicherheitstransformator nach VDE 0551?

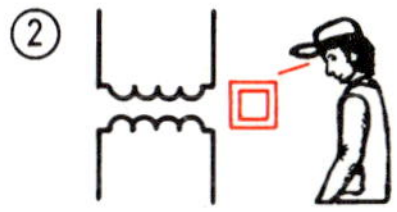

Sind die Transformatoren schutzisoliert (Schutzklasse II)?

Entsprechen die Betriebsmittel VDE 0106 Teil 101?

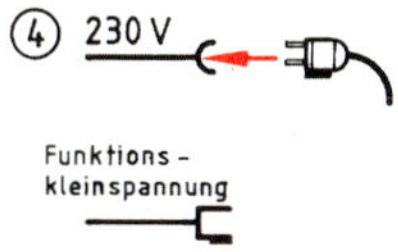

Stecker dürfen nicht in Steckdosen mit höherer Spannung oder Funktionskleinspannung ohne sichere Trennung passen.

Funktionskleinspannung ohne sichere Trennung (FELV)

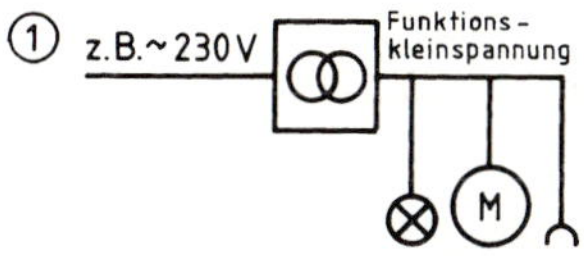

Entspricht der Schutz gegen direktes Berühren den Anforderungen im speisenden Netz?

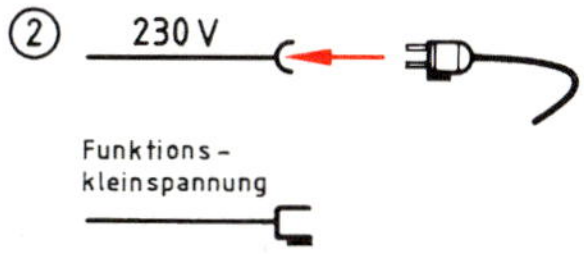

Können Stecker nicht in Steckdosen mit höherer Spannung eingeführt werden?

Was muss durch die **Besichtigung** festgestellt werden?

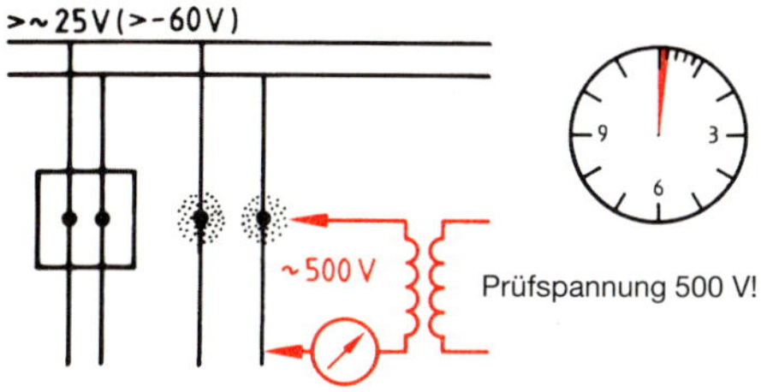

Ist die Nennspannung größer als ~ 25 V oder – 60 V und wird anstelle eine Abdeckung oder Umhüllung eine Isolierung verwendet, so muss in Zweifelsfällen die Spannungsfestigkeit während einer Minute geprüft werden.

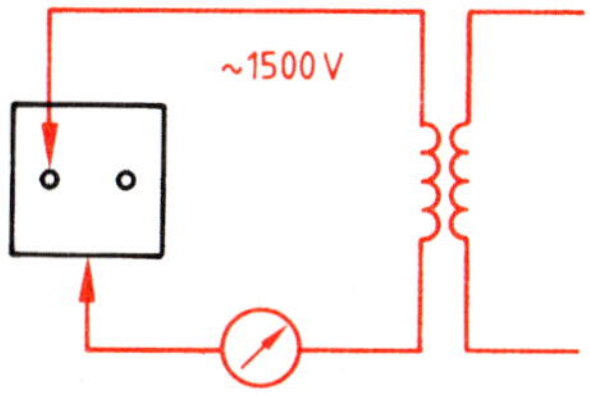

Prüfspannung 1 500 V

Entspricht die Isolierung nicht der Spannungsfestigkeit im speisenden Netz, so muss die Spannungsfestigkeit mit ~ 1 500 V eine Minute lang geprüft werden.

Was muss durch **Erproben** festgestellt werden?

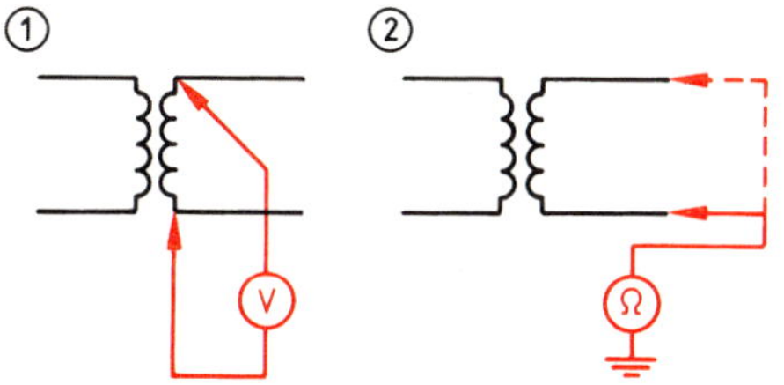

① Die Kleinspannung muss nachgemessen werden.

② Mit einer Gleichspannung von 220 V muss der Isolationswiderstand gegen Erde gemessen werden. Mindestwert ≥ 0,52 MΩ

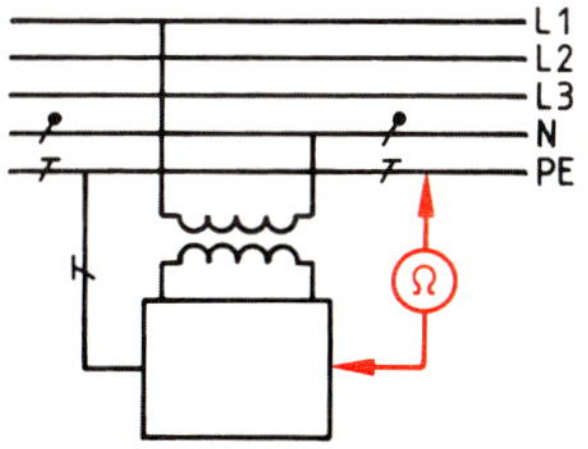

Sind die Körper mit dem Schutzleiter verbunden?

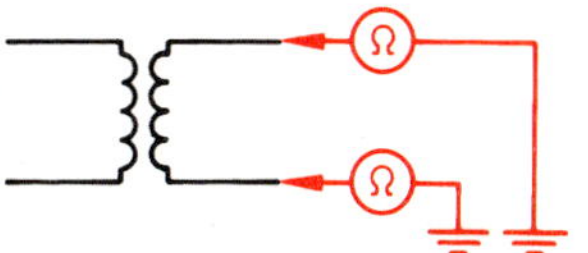

Mit einer Gleichspannung von 600 V muss der Isolationswiderstand gegen Erde gemessen werden: Mindestwert 0,5 MΩ

Was muss durch **Messen** festgestellt werden?

Was muss durch die Besichtigung festgestellt werden?

Schutzisolierung

①

Gibt es Schäden an der Isolierung?

②

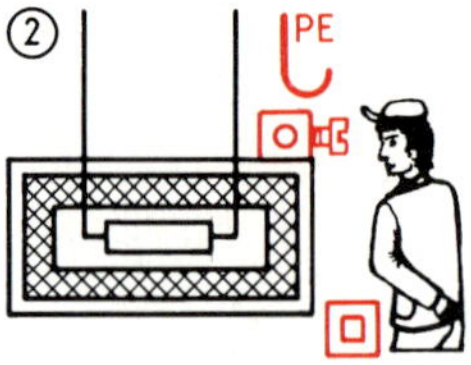

Sind leitfähige berührbare Teile nicht an den Schutzleiter angeschlossen?

③

Sind keine leitfähigen Teile durch die Isolierung geführt?

Schutz durch nichtleitende Räume

①

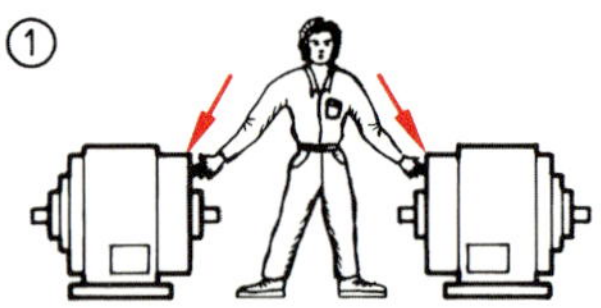

Können zwei Körper gleichzeitig berührt werden?

②

Können ein Körper und ein leitfähiges Teil gleichzeitig berührt werden?

Was muss durch Erproben festgestellt werden?

Schutzisolierung

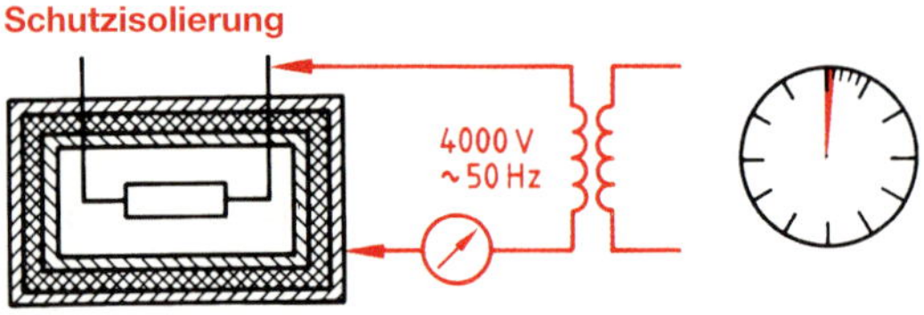

Bestehen Zweifel an der Wirksamkeit der Isolierung, so muss nachgeprüft werden, ob die Isolierung einer Spannung von 4 000 V mindestens eine Minute standhält.

Schutz durch nichtleitende Räume

Hier gibt es keine – für diese Schutzmaßnahme – besonderen Vorschriften.

Was muss durch Messen festgestellt werden?

Schutzisolierung

Messungen sind nicht erforderlich.

Schutz durch nichtleitende Räume

①

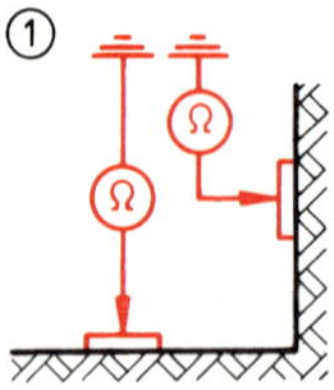

Der Isolationswiderstand von Fußböden und Wänden darf:

50 kΩ
für $U_N \leq$ ~ 500 V
– 750 V

100 kΩ
für $U_N \geq$ ~ 500 V
– 750 V

nicht unterschreiten

②

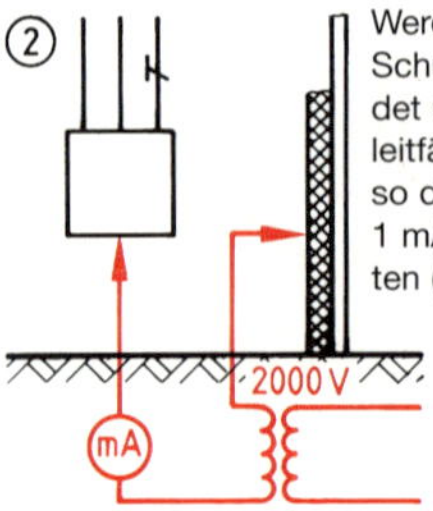

Werden Geräte der Schutzklasse I verwendet und sind fremde leitfähige Teile isoliert, so darf der Ableitstrom 1 mA nicht überschreiten (U = 2 000 V ~)

7 Erstprüfungen von Starkstromanlagen mit Nennspannungen bis 1 000 V Schutztrennung

DIN VDE 0100 Teil 610

Was muss durch die Besichtigung festgestellt werden?

①

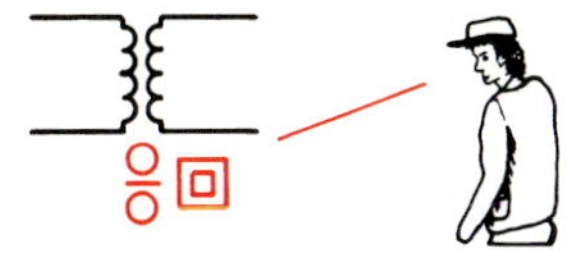

Ist die Spannungsquelle ein Transformator nach VDE 0550?

②

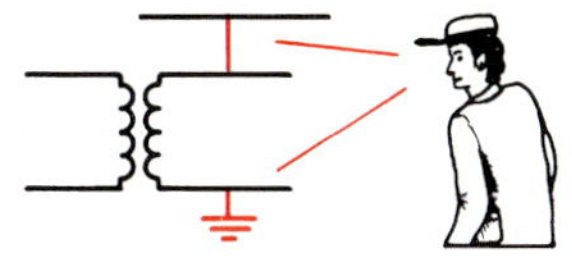

Sind die aktiven Teile weder mit einem anderen Stromkreis noch mit Erde verbunden?

③

Sind die aktiven Teile von anderen Stromkreisen sicher getrennt? (Herstellerbescheinigung genügt)

④

Entsprechen die flexiblen Leitungen mindestens der Bauart HO7 RN-F bzw. AO7 HN-F?

⑤

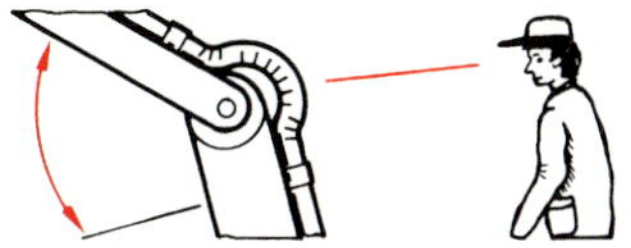

Sind die Stellen sichtbar, an denen flexible Leitungen mechanisch beansprucht werden?

⑥

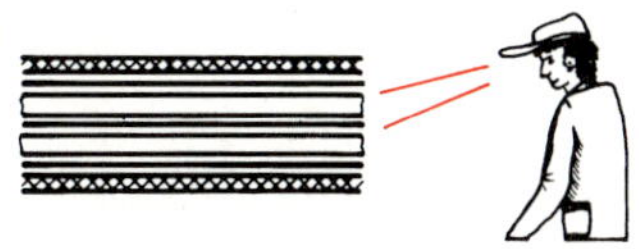

Wurden bei gemeinsamer Umhüllung mit Leitern anderer Stromkreise nur Leitungen ohne Metallmantel verwendet? Ist die Isolierung ausreichend?

⑦

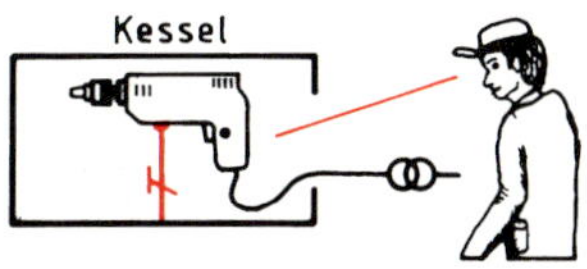

Ist nur ein Verbrauchsmittel angeschlossen, wenn das vorgeschrieben ist? (z. B. in Kesselanlagen)

⑧

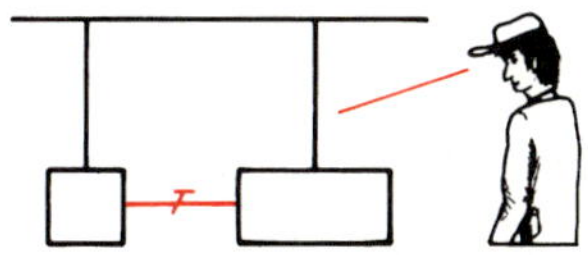

Sind bei mehreren Verbrauchern die Körper durch ungeerdete isolierte Potentialausgleichsleiter miteinander verbunden?

Was muss durch Erproben festgestellt werden?

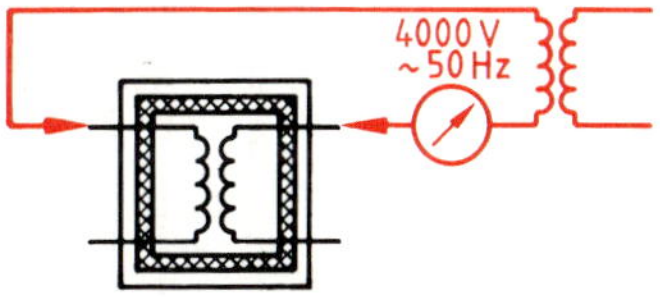

Ist die sichere Trennung nicht durch Herstellerangaben bescheinigt, dann muss eine Spannungsprüfung durchgeführt werden.
Die Isolation muss einer Prüfspannung von ~ 4 000 V eine Minute lang standhalten.

Was muss durch Messen festgestellt werden?

①

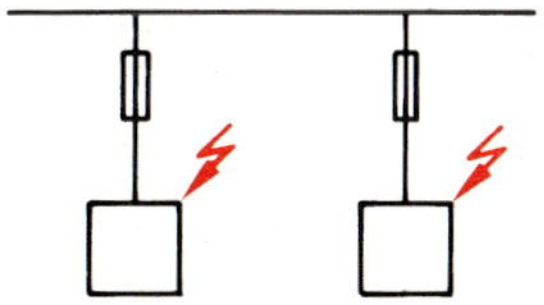

Durch Rechnung oder Messung ist nachzuweisen, dass bei zwei gleichzeitigen Fehlern einer der beiden fehlerhaften Stromkreise abgeschaltet wird.
Die Abschaltzeit muss die gleiche wie in TN-Netzen sein.

②

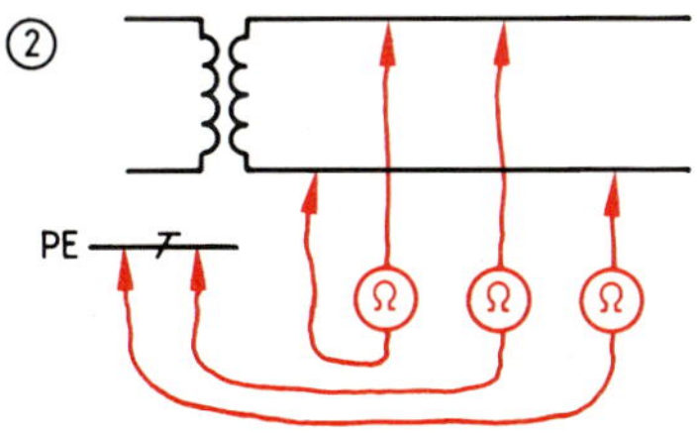

Der Isolationswiderstand darf 1 MΩ nicht unterschreiten!

Was muss durch die Besichtigung festgestellt werden?

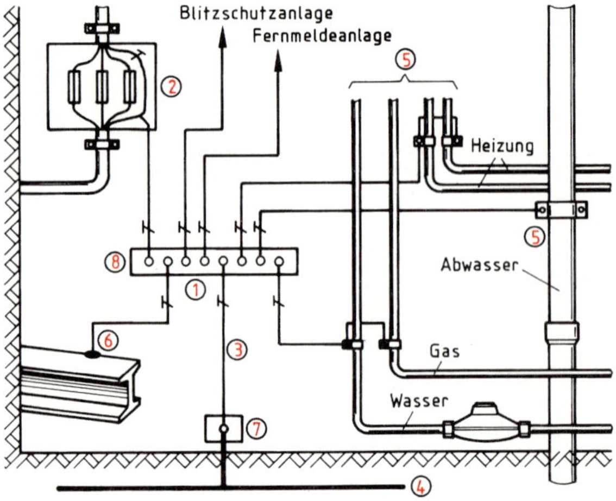

① Sind die Hauptpotentialausgleichsleiter mit der Potentialausgleichsschiene verbunden und entsprechen ihre Querschnitte den Vorschriften?

② Ist der Hauptschutzleiter mit der Potentialausgleichsschiene verbunden?

③ Ist der Haupterdungsleiter mit der Potentialausgleichsschiene verbunden?

④ Ist der Fundamenterder (Blitzschutzerder usw.) mit der Potentialausgleichsschiene verbunden?

⑤ Sind alle metallenen Rohrsysteme mit dem Potentialausgleichsleiter verbunden?

⑥ Sind alle Metallteile der Gebäudekonstruktion mit der Potentialausgleichsschiene verbunden?

⑦ Sind die Vorrichtungen zum Abtrennen der Erdungsleiter zugänglich?

⑧ Sind Potentialausgleichsschiene, Haupterdungsleiter, Hauptpotentialausgleichsleiter und Hauptschutzleiter vor Beschädigungen geschützt?

Erproben?

Hier kann nichts erprobt werden.

Was muss durch Messen festgestellt werden?

Kann durch die Besichtigung die Verbindung zwischen Potentialausgleichsschiene und fremden leitfähigen Teilen nicht festgestellt werden, so muss durch Messung festgestellt werden, dass die Verbindungen bestehen.

Was ist beim zusätzlichen (örtlichen) Potentialausgleich zu prüfen?

Durch Besichtigen oder, wenn das nicht möglich ist, durch Messen ist festzustellen, dass alle gleichzeitig berührbaren Körper, Schutzleiteranschlüsse und fremde leitfähige Teile miteinander verbunden sind.

7 Erstprüfungen von Starkstromanlagen mit Nennspannungen bis 1 000 V Schutzmaßnahmen mit Schutzleiter

DIN VDE 0100 Teil 610

Was muss durch Besichtigen festgestellt werden?

①

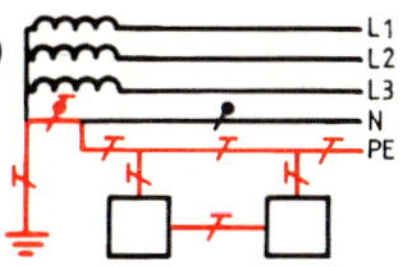

Haben alle Schutzleiter den richtigen Querschnitt?

②

Sind alle Schutzleiter richtig verlegt? Sind die Verbindungsstellen gegen Selbstlockern gesichert? Sind die Anschlussstellen gegen Korrosion geschützt?

③

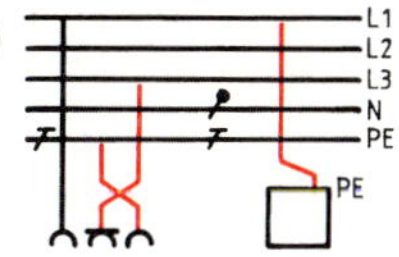

Sind Schutz- und Außenleiter nicht verwechselt?

④

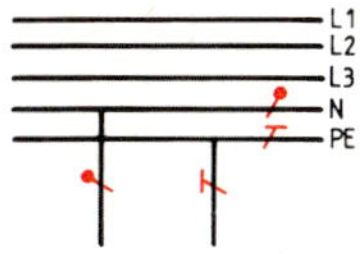

Sind Neutral- und Schutzleiter richtig gekennzeichnet?

⑤

Sind die Schutzkontakte der Steckvorrichtungen nicht verbogen, nicht verschmutzt?

⑥

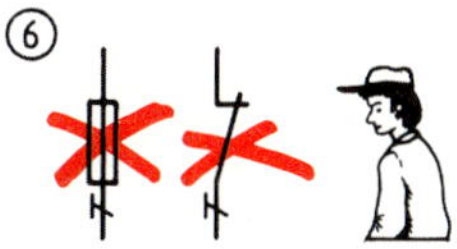

Sind Schutzleiter weder abgesichert noch schaltbar?

⑦

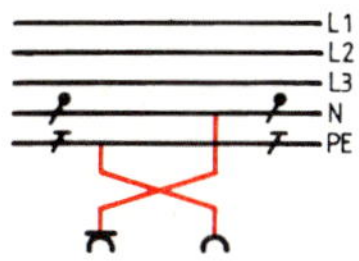

Sind Schutzleiter und Neutralleiter nicht verwechselt?

⑧

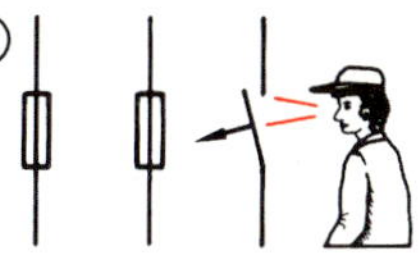

Überstromschutzeinrichtungen richtig ausgewählt?

⑨

Fehlerstromschutzeinrichtungen richtig ausgewählt?

Was muss durch Erproben festgestellt werden?

①

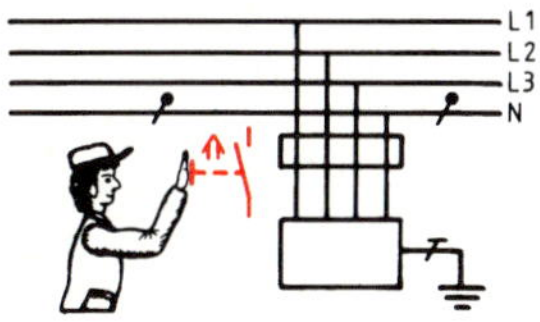

Lösen die FI-Schutzschalter beim Betätigen der Prüftaster aus?

②

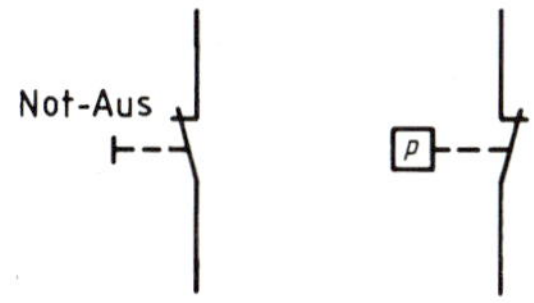

Funktionieren die Sicherheitseinrichtungen, z. B. Not-Aus-Schalter und Druckwächter?

③

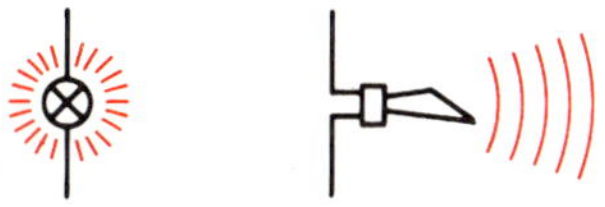

Funktionieren die Meldeeinrichtungen?

④

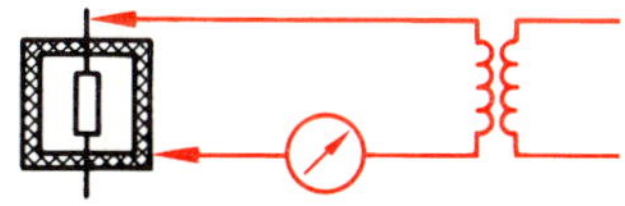

Sind die Isolierungen in Ordnung? (Beim Fehlen von Hersteller-Garantien muss geprüft werden.)

Was muss durch Messen festgestellt werden?

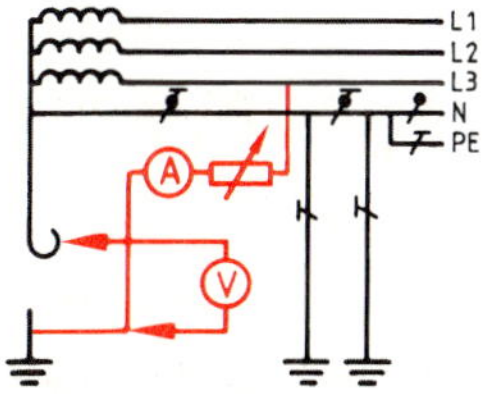

Messung des Erdungswiderstandes des Betriebserders durch eine Schleifenmessung nach dem Strom-Spannungs-Messverfahren.

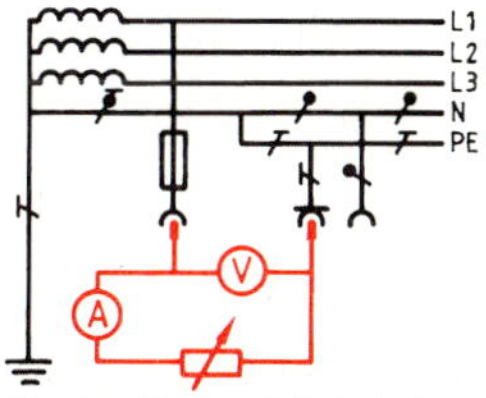

Werden für den Schutz bei indirektem Berühren Überstrom-Schutzeinrichtungen verwendet, so muss der Schleifenwiderstand gemessen werden.

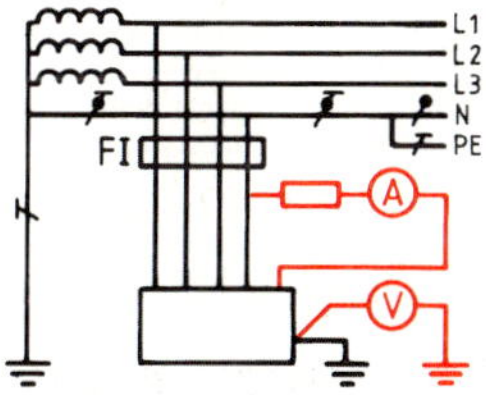

Bei Abschaltung durch Fehlerstrom-Schutzeinrichtungen müssen der Fehlerstrom und die Fehlerspannung gemessen werden.

Was muss in beiden Netzformen durch **Besichtigen** festgestellt werden?

In beiden Netzformen sind die allgemeinen Prüfungen nach den Seiten 69 und die Prüfungen für Schutzmaßnahmen mit Schutzleiter durchzuführen.

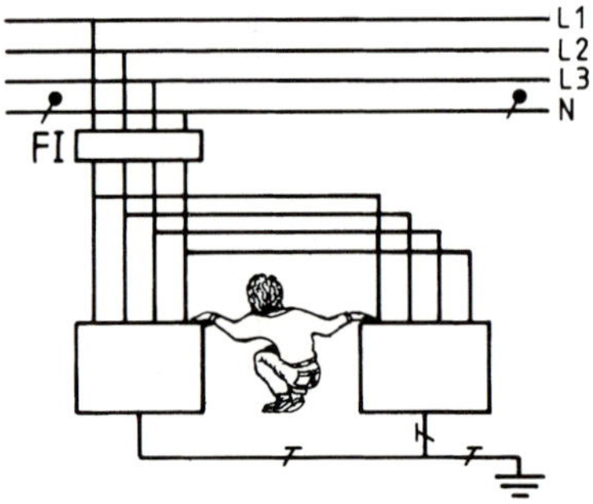

Im TT-System ist **zusätzlich** festzustellen:

1. Dass alle Körper, die gleichzeitig berührt werden können und an eine gemeinsame Schutzeinrichtung angeschlossen sind, einen gemeinsamen Erder haben.
2. Dass die Schutzeinrichtungen innerhalb von 0,2 s abschalten.
3. Dass durch die Schutzeinrichtungen der Neutralleiter nicht vor dem Außenleiter abgeschaltet wird. Er darf auch nicht vor den Außenleitern einschalten.

Werden 2. und 3. nicht erfüllt, so muss ein zusätzlicher Potentialausgleich vorhanden sein.

Was muss in beiden Netzformen **erprobt** werden?

In beiden Netzformen müssen die Erprobungen wie bei der Prüfung der Schutzmaßnahmen mit Schutzleiter (siehe Seite 69) durchgeführt werden.

Was muss in beiden Netzformen **gemessen** werden?

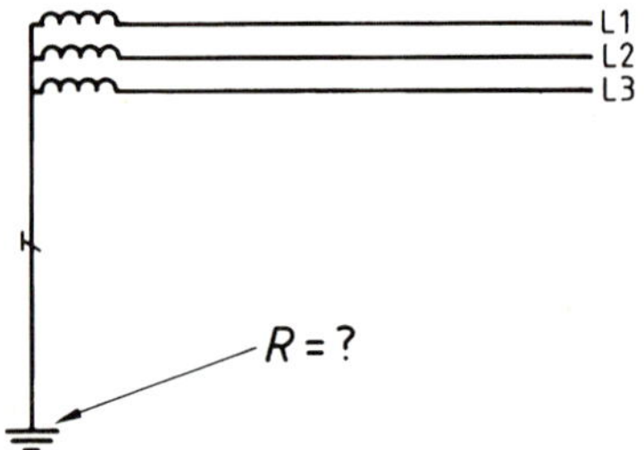

In beiden Netzformen muss der Widerstand des Betriebserders gemessen werden (siehe hierzu Seite 74 und 75).

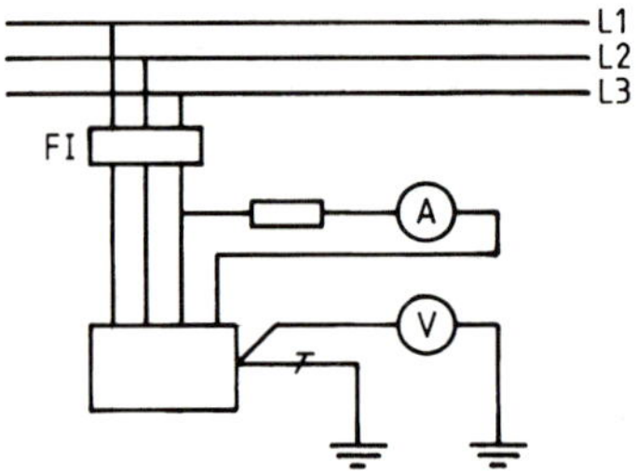

Bei FI-Schutzeinrichtungen müssen Fehlerspannung und Fehlerstrom gemessen werden (siehe hierzu Seiten 74 u. 75).

Was muss in TT-Systemen **zusätzlich gemessen** werden?

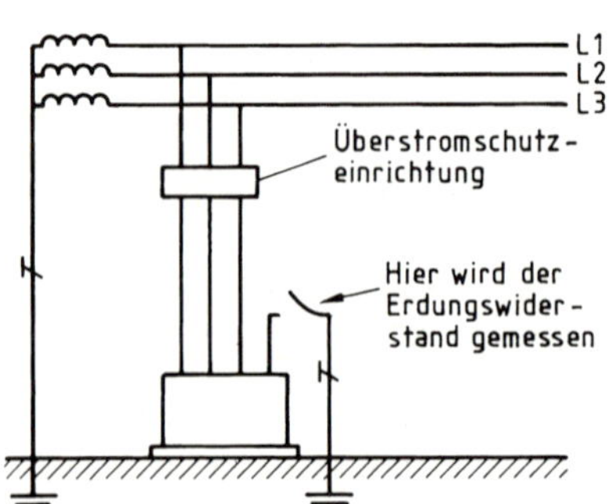

Dienen die Überstromschutzeinrichtungen dem Schutz gegen direktes Berühren, so ist durch Messen nachzuweisen, dass der Erdungswiderstand so niederohmig ist, dass der erforderliche Abschaltstrom fließen kann.

Siehe hierzu die Tabelle Seite 93 und die Erdungswiderstandsmessung Seiten 74 u. 75.
Bei der Messung muss die Leitung zum Erder mitgemessen werden!

7 Erstprüfungen von Starkstromanlagen mit Nennspannungen bis 1 000 V im IT-System

DIN VDE 0100 Teil 610

Was muss durch Besichtigung festgestellt werden?

1. Es sind die allgemeinen Besichtigungen nach Seite 62 und 63 durchzuführen.
2. Ergänzend hierzu sind die Besichtigungen für Schutzmaßnahmen mit Schutzleiter nach Seite 69 durchzuführen.
3. Zusätzlich muss durch Besichtigung überprüft werden:

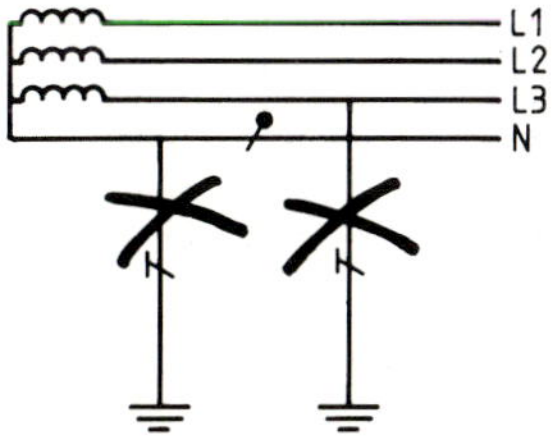

3.1 Es darf kein aktiver Leiter direkt geerdet sein.

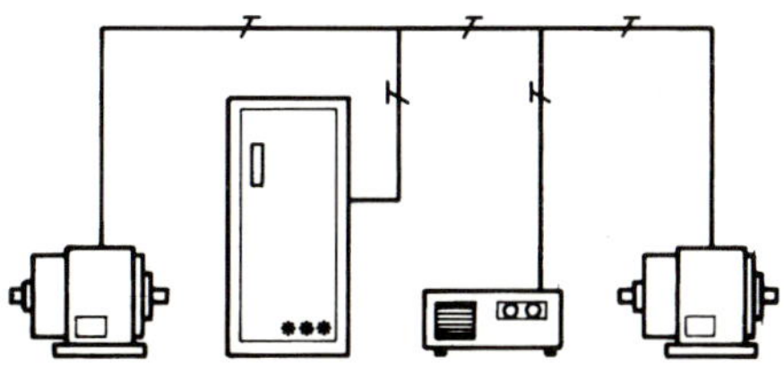

3.2 Alle Körper müssen mit einem Schutzleiter verbunden sein.

Welche Betriebsmittel und Einrichtungen müssen erprobt werden?

Es gelten die gleichen Bestimmungen wie für die Prüfung der Schutzmaßnahmen mit Schutzleiter (siehe Seite 69).

Was muss durch Messen ermittelt werden?

Entweder ———————— Oder

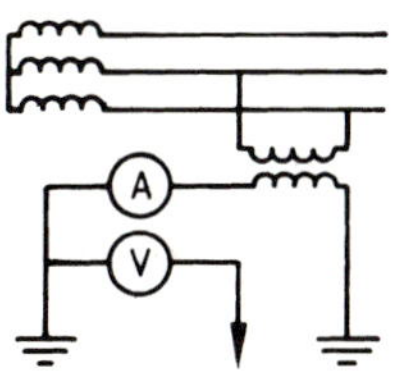

Messung des Erdungswiderstandes →

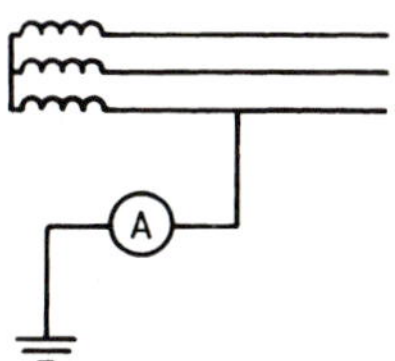

dann Messung des Ableitstromes nach Erdung eines Außenleiters an der Stromquelle

Ableitstrom x Erdungswiderstand darf 50 V nicht überschreiten.

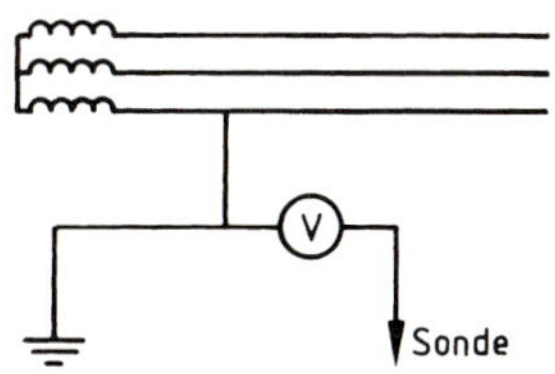

Messung des Spannungsabfalls am Erder nach Erdung eines Außenleiters

Der Spannungsabfall darf 50 V nicht überschreiten.

Spannungsabfall am Erder: Ableitstrom × Erdungswiderstand

Achtung: Durch eine „künstliche“ Erdung können Gefährdungen auftreten. Deshalb genügt in überschaubaren Netzen die Messung des Erdungswiderstandes. Die Anlage ist in Ordnung, wenn der Erdungswiderstand den Wert von 15 Ω nicht übersteigt.

Was muss im Hinblick auf einen 2. Fehler geprüft werden?

Wenn es sich um ein Netz mit Isolationsüberwachungseinrichtung und zusätzlichem Potentialausgleich handelt, dann muss bei der Erprobung der Isolationsüberwachungseinrichtung die Prüfeinrichtung betätigt werden und gleichzeitig ein Isolationsfehler im Netz simuliert werden.

Wenn es sich um ein Netz handelt, für das beim Auftreten eines zweiten Fehlers die Abschaltbedingungen des TN-Systems gelten, dann ist bei einem geerdeten Außenleiter der Schleifenwiderstand zu messen.

Welche Hilfsmittel werden für die Messung des Isolationswiderstandes benötigt?

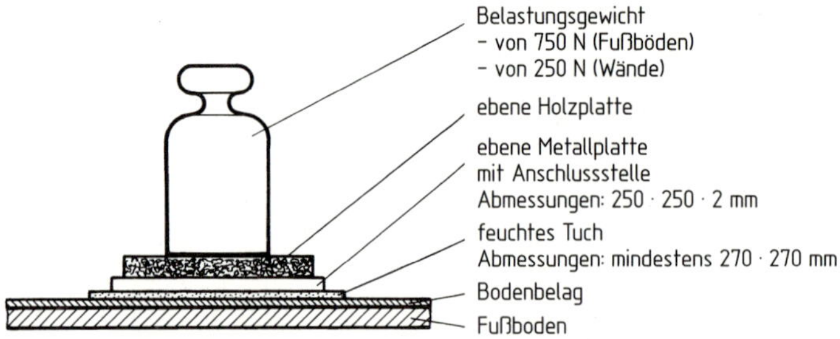

Über die Holzplatte soll der Druck z. B. auf den Bodenbelag gleichmäßig verteilt werden. An ungünstigen Stellen, dort, wo der Bodenbelag Stoßdellen oder Fugen hat. Um das Ergebnis besser bewerten zu können, sollten mehrere Messungen an verschiedenen Stellen durchgeführt werden.

Wie wird die Messung durchgeführt?

Mit der Netzspannung eines geerdeten Netzes.

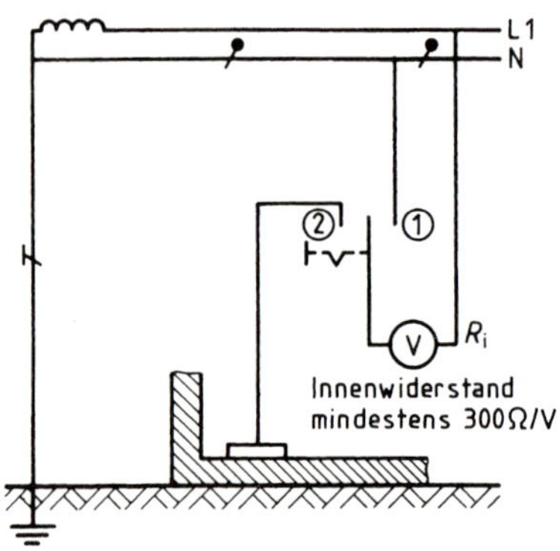

Messung Schalterstellung ①:
Netzspannung → U_1
Messung Schalterstellung ②:
Teilspannung an R_i → U_2

Mit einer vom Netz galvanisch getrennten Spannung.

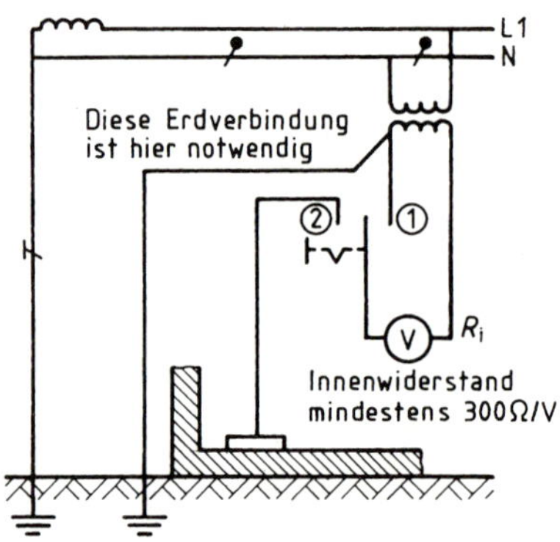

Messung Schalterstellung ①:
Transformatorspannung → U_1
Messung Schalterstellung ②:
Teilspannung an R_i → U_2

Wie werden die Messergebnisse ausgewertet?

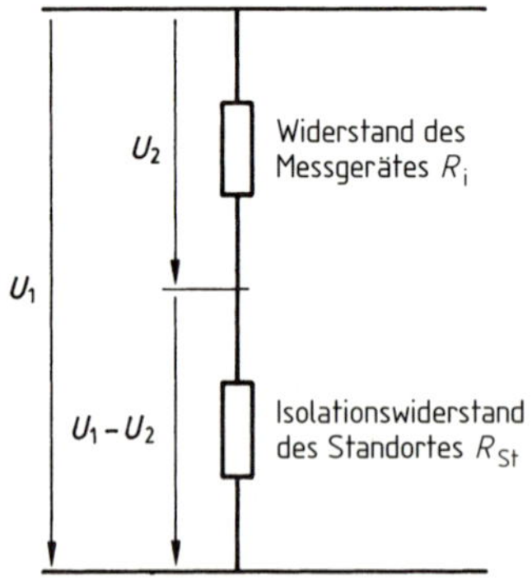

Ersatzschaltbild

$$\frac{R_{St}}{R_i} = \frac{U_1 - U_2}{U_2}$$

$$R_{St} = R_i \cdot \frac{U_1 - U_2}{U_2}$$

$$R_{St} = R_i \cdot \left(\frac{U_1}{U_2} - 1\right)$$

Beispiel: $U_1 = 220\ \text{V}$; $U_2 = 60\ \text{V}$
$R_1 = 90\ \text{k}\Omega$

$$R_{St} = 90\ \text{k}\Omega \cdot \left(\frac{220\ \text{V}}{60\ \text{V}}\right) - 1$$

$R_{St} =$ **240 kΩ**

Zählerverteilung

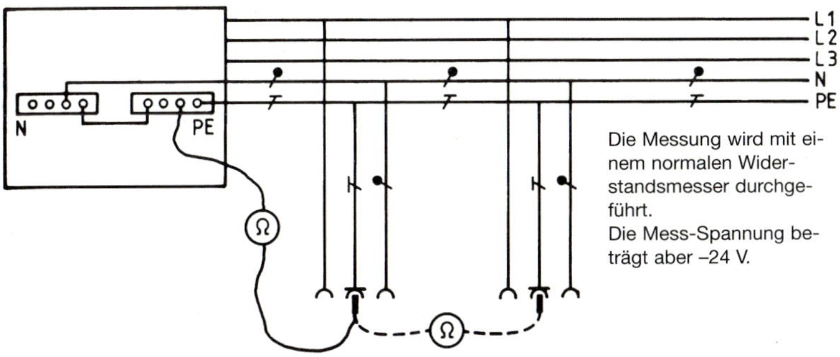

Die Messung wird mit einem normalen Widerstandsmesser durchgeführt.
Die Mess-Spannung beträgt aber –24 V.

1. Messung **2. Messung**

> Wie wird diese Prüfung durchgeführt?

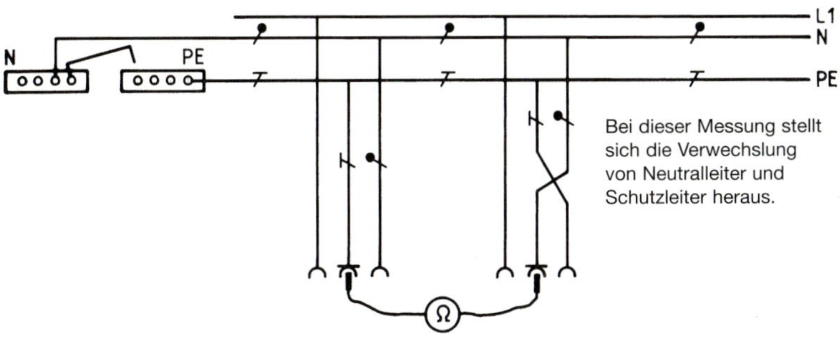

Bei dieser Messung stellt sich die Verwechslung von Neutralleiter und Schutzleiter heraus.

hochohmiges Messergebnis

> Welche Vorteile ergeben sich, wenn bei dieser Prüfung die Brücke zwischen N-Schiene und PE-Schiene geöffnet wird?

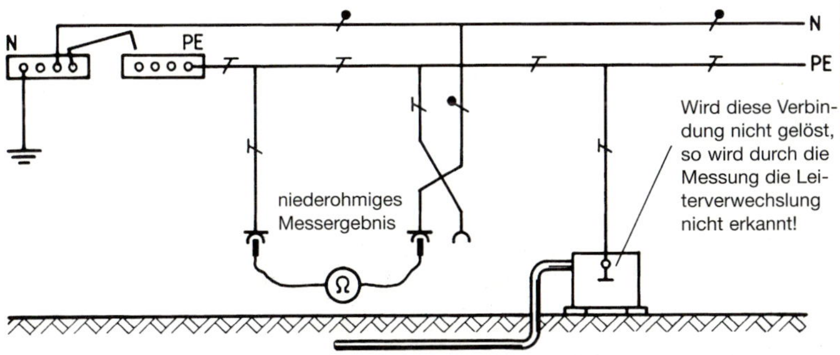

niederohmiges Messergebnis

Wird diese Verbindung nicht gelöst, so wird durch die Messung die Leiterverwechslung nicht erkannt!

> Was ist zu beachten, wenn der Stromkreis kein reiner Steckdosenkreis ist?

In welchen Netzen ist die Messung des Erdungswiderstandes bedeutsam?

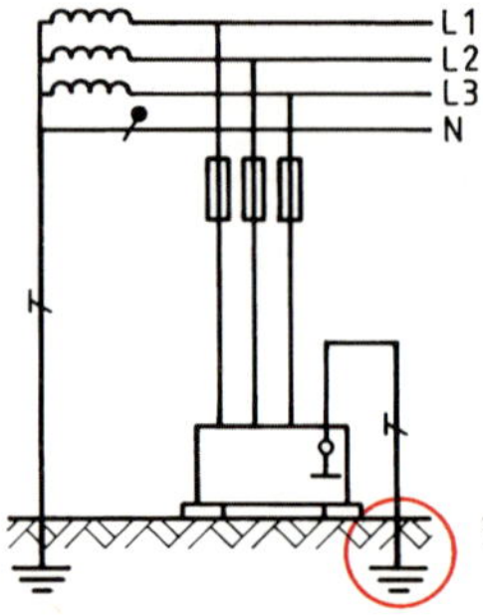

Erder bei Schutz durch Abschaltung mit Überstromschutzprogramm im TT-System.

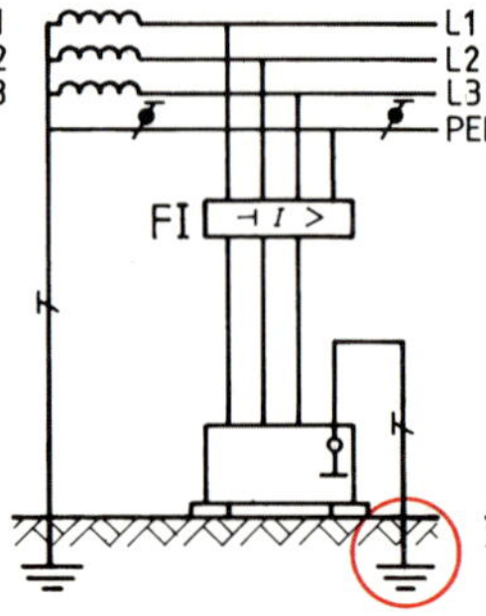

Erder bei Schutz durch Fehlerstrom-Schutzeinrichtung im TT-System.

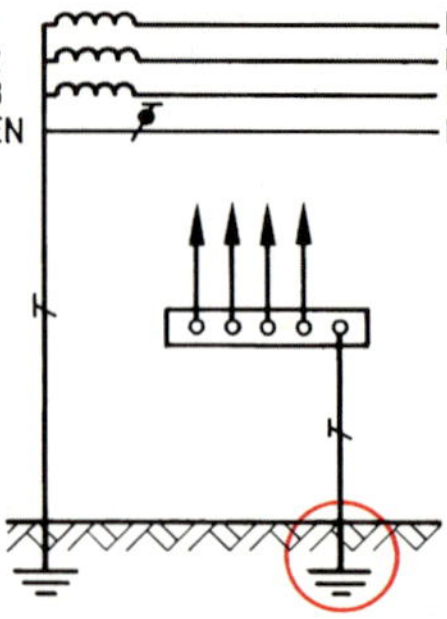

Erder des Hauptpotentialausgleichs in TN- und TT-Systemen.

Wie wird die Messung eines Erdungswiderstandes prinzipiell durchgeführt?

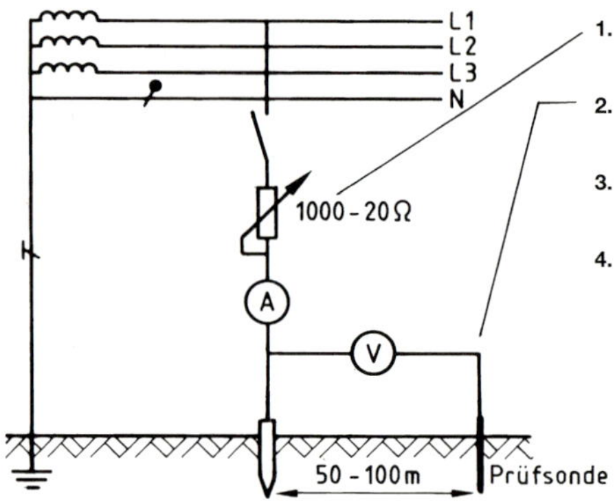

1. Zwischen einem Netzleiter und dem Erder wird über einem Schalter ein Widerstand angeschlossen.
2. Außerhalb des Ausbreitungswiderstandes des Erders wird eine Prüfsonde eingebracht.
3. Zwischen Erde und Prüfsonde wird ein **hochohmiger** Spannungsmesser angeschlossen.
4. Bei geschlossenem Schalter wird der Widerstand verkleinert, bis Messwerte ablesbar sind.
   Achtung: Die Spannung muss unter 50 V bleiben!

$$R_E = \frac{U}{T}$$

Achtung: Befindet sich die Sonde im Bereich eines anderen Erders, dann ist das Messergebnis unbrauchbar.

Wieso verfälscht der Erdungswiderstand der Prüfsonde nicht das Messergebnis?

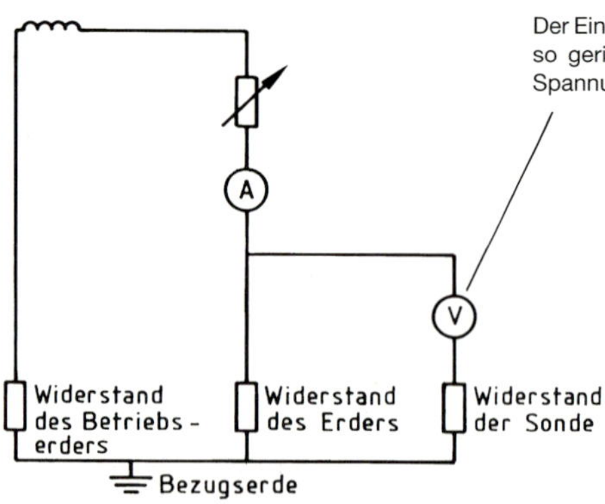

Der Einfluss des Sondenwiderstandes ist um so geringer, je größer der Widerstand des Spannungsmessers ist.

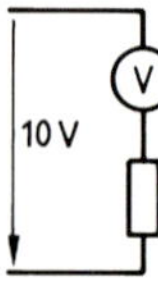

Beträgt z. B. die Messspannung 10 V und der Messgerätewiderstand 200 kΩ und der Sondenwiderstand 1 kΩ, dann ist der Spannungsfall an der Sonde 49,5 mV!

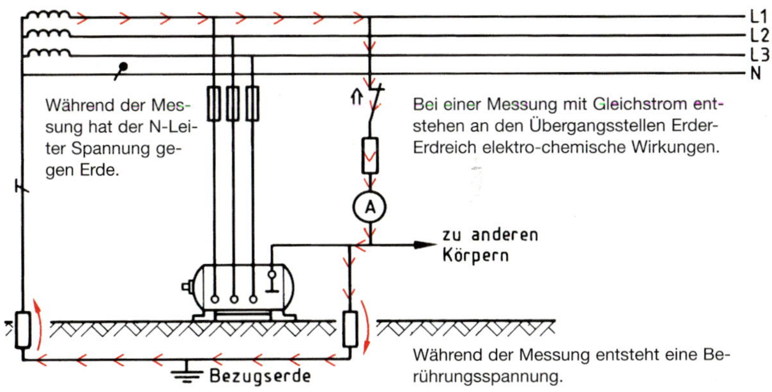

Welche Gefahren können beim Messen des Erdungswiderstandes entstehen?

Warum muss mit Wechselstrom gemessen werden?

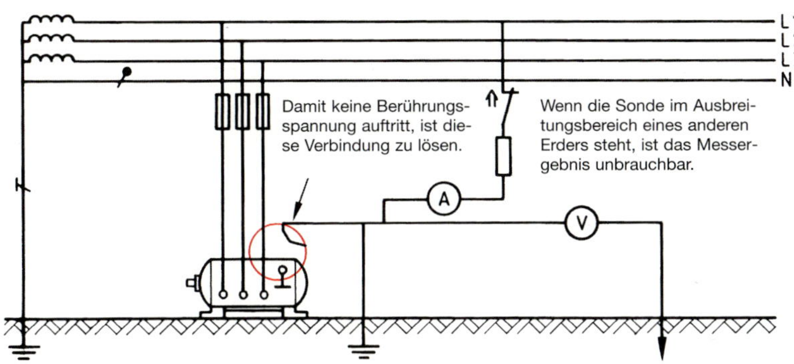

Wie ist zu verhindern, dass bei der Messung eine Berührungsspannung auftritt?

Welche Schwierigkeiten treten in eng bebauten Gebieten auf?

Wechselspannungen mit 93 oder 111 Hz (Damit werden 50 Hz-Störquellen ausgeschlossen)

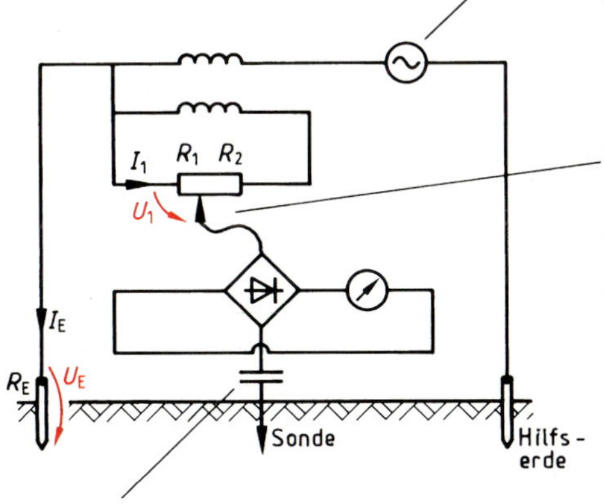

Der Abgriff wird so eingestellt, dass durch das Messwerk kein Strom fließt (Null-Anzeige). Jetzt ist der Spannungsfall an R_1 genau so groß wie der Spannungsfall am Erder.

$$I_E \cdot R_E = I_1 \cdot R_1$$

$$R_E = \frac{I_1}{I_E} \cdot R_1$$

$$R_E = \ddot{U} \cdot R_1$$

Der Kondensator sperrt Störgleichspannungen

$\ddot{U}$ = Übersetzungsverhältnis des Transformators

Wie funktioniert das Kompensationsmessverfahren?

In welchen Netz-Systemen ist die Messung des Schleifenwiderstandes von Bedeutung?

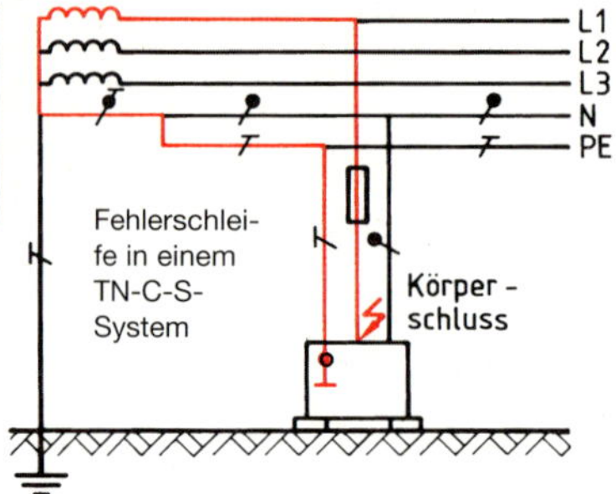

In diesem TN-System muss bei einem Körperschluss die Sicherung auslösen. Mit einer Widerstandsmessung wird nachgewiesen, dass der Widerstand der Fehlerschleife klein genug ist.

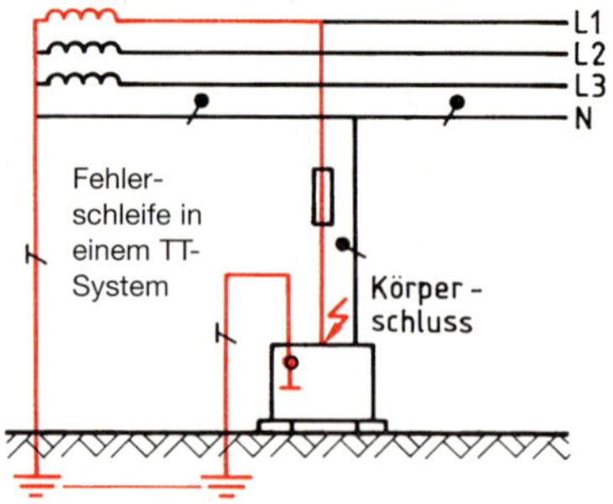

Im TT-System kommt es auf den Erdungswiderstand an. Deshalb ist hier die Messung dieses Widerstandes bedeutsamer als die Schleifenmessung.

Weshalb sind Widerstandsmesser für die Messung des Schleifenwiderstandes kaum geeignet?

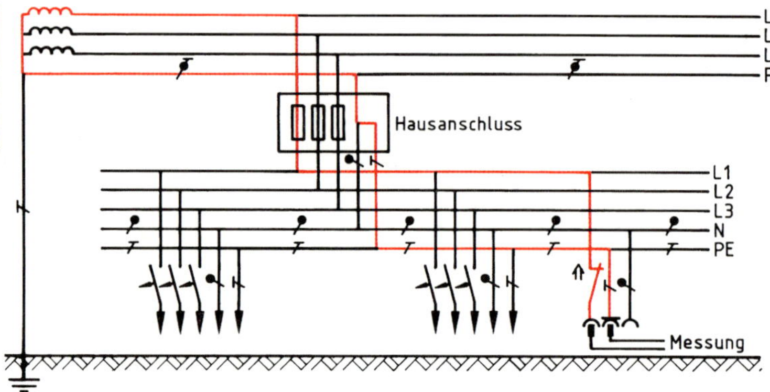

1. Bei einer Messung mit einem Widerstandsmesser müsste das gesamte Netz spannungsfrei geschaltet werden.
2. Der Schleifenwiderstand ist meist seht niedrig.

Nach welchem Prinzip arbeiten Schleifenwiderstands-Messgeräte?

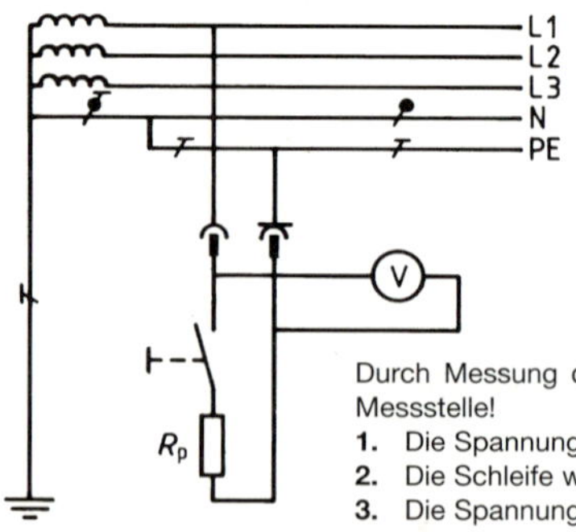

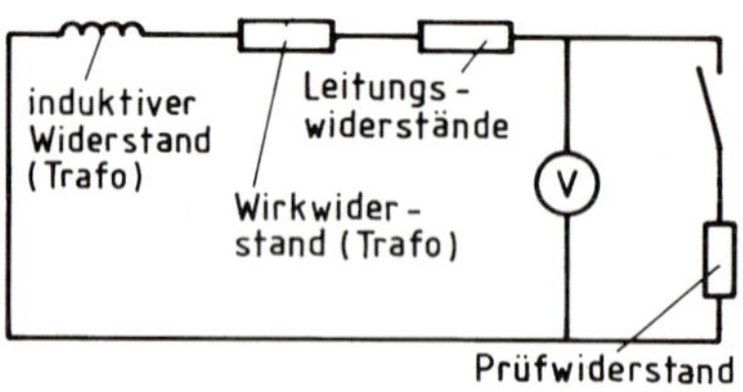

Durch Messung des „Spannungseinbruches" bei Belastung an der Messstelle!

1. Die Spannung wird bei offener Schleife gemessen.
2. Die Schleife wird mit einem bekannten Prüfwiderstand belastet.
3. Die Spannung am Prüfwiderstand wird gemessen.

Wie wird bei der Messung mit einem Schleifenwiderstands-Messgerät der Schleifenwiderstand ermittelt?

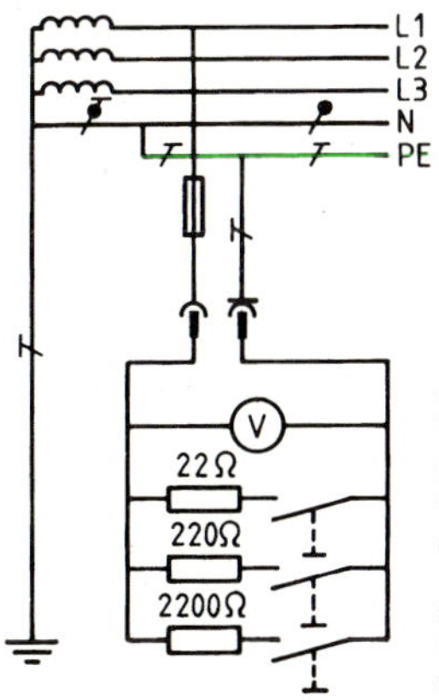

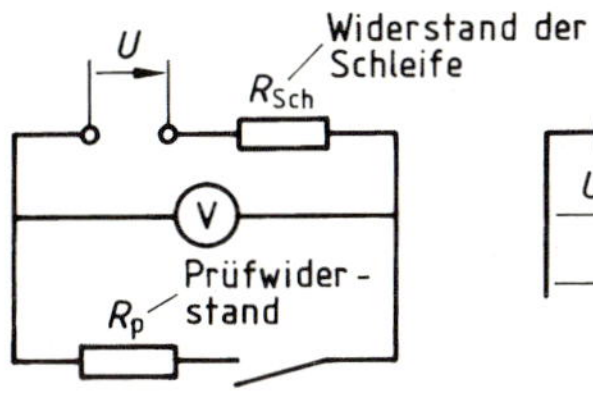

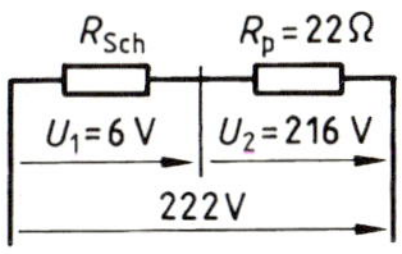

Ist kein Widerstand eingeschaltet, so zeigt der Spannungsmesser die Strangspannung, z. B. 222 V.
Wird jetzt der größte Widerstand eingeschaltet, so geht der Zeiger des Spannungsmessers kaum zurück, wenn der Schleifenwiderstand klein ist.
Jetzt wird der nächste Widerstand eingeschaltet. Der Zeiger des Messgerätes geht um den Spannungsfall am Schleifenwiderstand zurück.
Da die Widerstände sich wie die Spannungsfälle verhalten, ergibt sich in diesem Beispiel ein Schleifenwiderstand von:

$$R_{SCH} = \frac{U_1}{U_2} \cdot R_P = \frac{6\text{ V}}{216\text{ V}} \cdot 22\ \Omega = \mathbf{0{,}6\ \Omega}.$$

Wie kann der Schleifenwiderstand mit Hilfe von Spannungs- und Strommesser bestimmt werden?

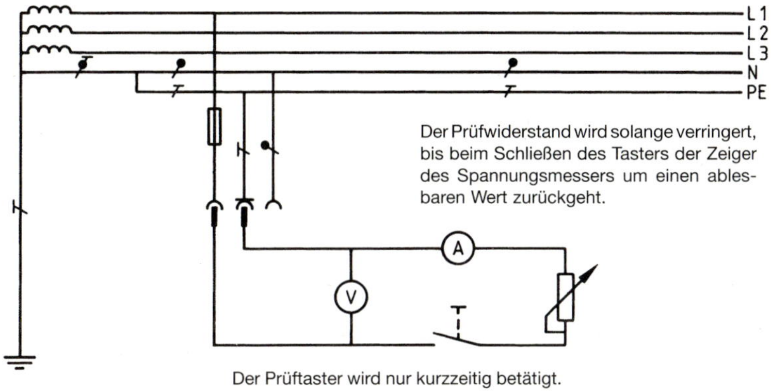

Der Prüfwiderstand wird solange verringert, bis beim Schließen des Tasters der Zeiger des Spannungsmessers um einen ablesbaren Wert zurückgeht.

Der Prüftaster wird nur kurzzeitig betätigt.

Wie wird der Schleifenwiderstand bei der Spannungs- und Strommessung bestimmt?

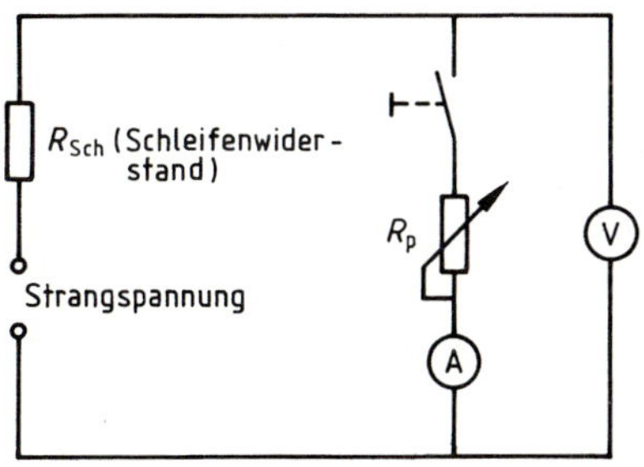

Mit dem Spannungsmesser wird der Unterschied zwischen der Spannung ohne Belastung und der Spannung mit Belastung gemessen.

$$\Delta U = U_O - U_1$$

Der Schleifenwiderstand ergibt sich aus:

$$R_{Sch} = \frac{\Delta U}{I}$$

Kann mit dem Prüftaster am FI-Schalter die Wirksamkeit der Schutzmaßnahme nachgewiesen werden?

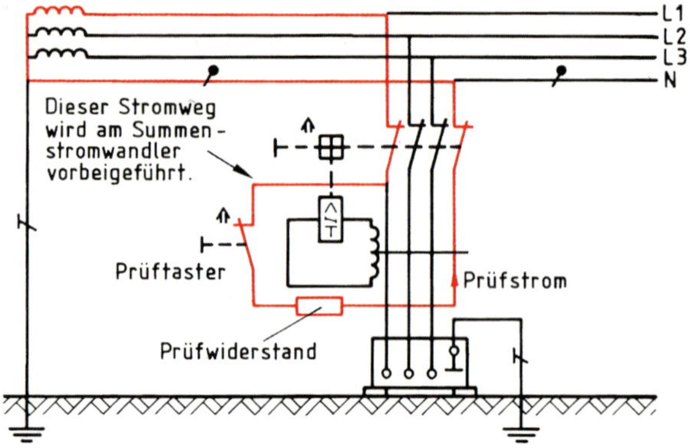

Nein!

Durch die Betätigung des Prüftasters wird ein Prüfstromkreis geschlossen. Es entsteht dabei kein Fehlerstrom, sondern nur ein Prüfstrom. Der Widerstand ist so gewählt, dass der Prüfstrom so groß ist wie der Nennfehlerstrom.

Löst der Schalter aus, so ist lediglich nachgewiesen, dass der Schalter auslöst, wenn es zu einem Fehlerstrom in Höhe des Nennfehlerstromes kommt.

Wie wird die Wirksamkeit der Fehlerstrom-Schutzeinrichtung im TT-System nachgewiesen?

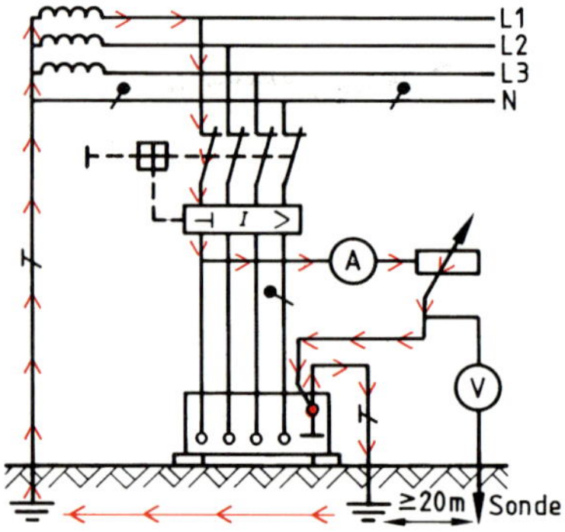

Messung mit Sonde

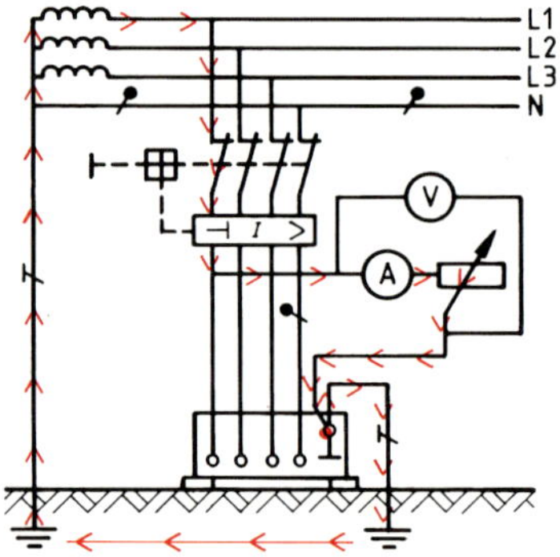

Messung ohne Sonde

Über den stellbaren Widerstand wird ein Körperschluss geschaltet. Der Widerstand muss so gewählt werden, dass der Fehlerstrom unterhalb des Nennfehlerstroms des FI-Schalters liegt.

Nun wird durch Verringern des Widerstandes der Fehlerstrom erhöht. Der Schalter muss auslösen, **bevor** bei der Sondenmessung der Spannungsmesser 50 V **und bevor** der Strommesser mehr als den Nennfehlerstrom anzeigt. Bei der Messung ohne Sonde muss der Wert: Phasenspannung minus Messspannung unter 50 V liegen.

Löst der FI-Schalter bei 50 V Messspannung (bzw. Phasenspannung – 50 V) nicht aus, so muss die Messung abgebrochen werden. Die Schutzeinrichtung ist dann nicht in Ordnung.

Die Messung ohne Sonde wird durchgeführt, wenn es schwierig ist, einen Platz zu finden, der nicht im Ausbreitungsbereich eines anderen Erders liegt.

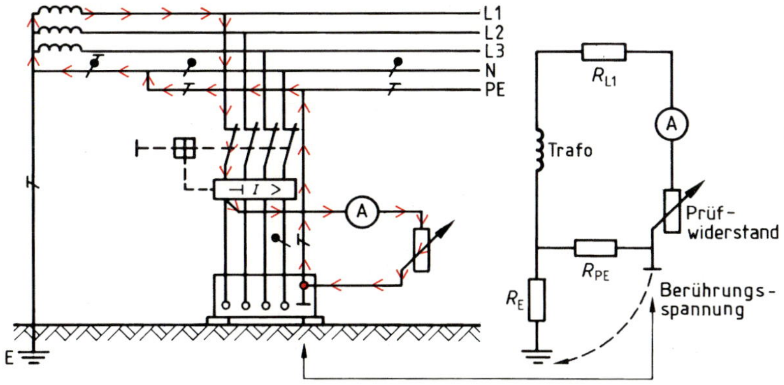

Wie wird die Wirksamkeit der Fehlerstrom-Schutzeinrichtung im TN-System nachgewiesen?

Über den stellbaren Prüfwiderstand wird ein Körperschluss geschaltet. Durch Verringern des Widerstandes wird dann der Fehlerstrom erhöht.

Der Schalter muss auslösen, **bevor** der Strommesser mehr als den Nennfehlerstrom anzeigt.

Die Messung der Berührungsspannung ist nicht erforderlich. Sie kann wegen des geringen Leitungswiderstandes des Schutzleiters und wegen der kleinen Stromstärke nicht groß sein.

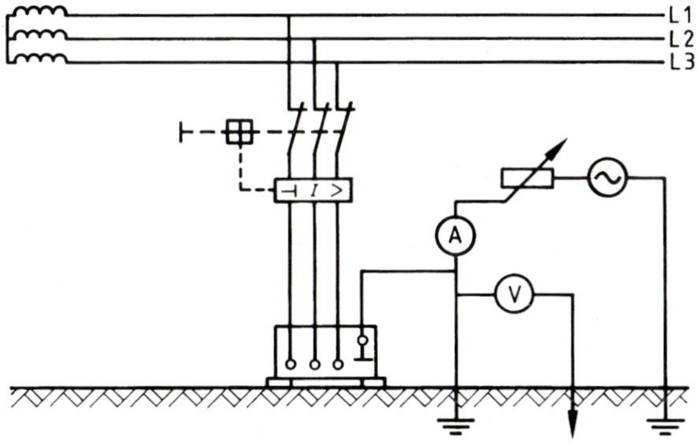

Wie wird die Wirksamkeit der Fehlerstrom-Schutzeinrichtung im IT-System nachgewiesen?

Im IT-Netz ist ein „künstlicher" Körperschluss sinnlos. Wegen der Erdfreiheit des Netzes kommt es nicht zu einem Fehlerstrom.

Deshalb muss der Widerstand des Erders gemessen werden (Seiten 74 u. 75). Durch Rechnung kann dann die Wirksamkeit der Schutzmaßnahme nachgewiesen werden.

Kann mit dem Prüftaster am FU-Schalter die Wirksamkeit der Schutzmaßnahme nachgewiesen werden?

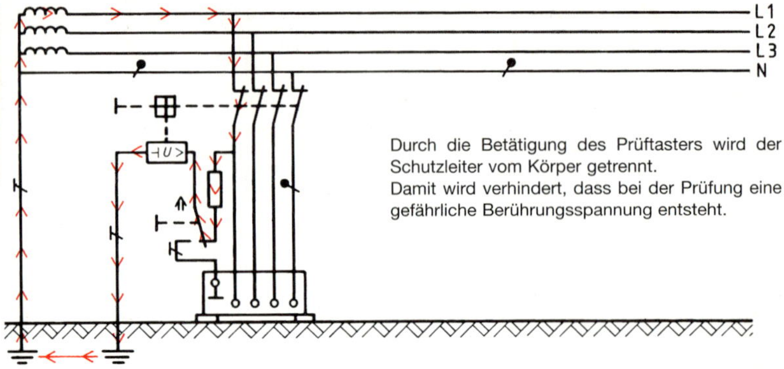

Durch die Betätigung des Prüftasters wird der Schutzleiter vom Körper getrennt.
Damit wird verhindert, dass bei der Prüfung eine gefährliche Berührungsspannung entsteht.

Nein! Es wird lediglich geprüft, ob der FU-Schalter auslöst, aber nicht bei welcher Berührungsspannung das geschieht.

Wie wird die Messung der Wirksamkeit mit Sonde durchgeführt?

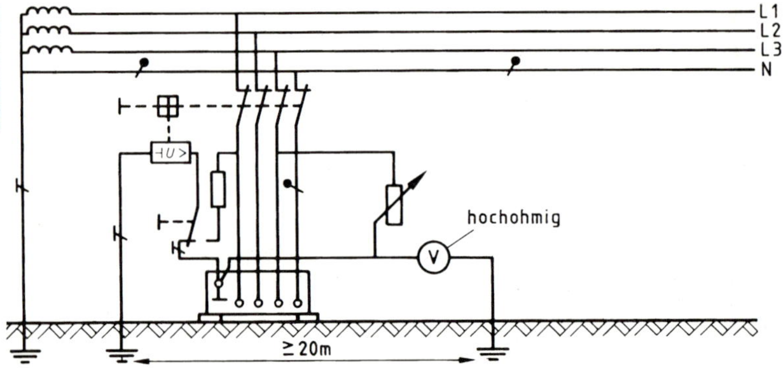

Über den Widerstand wird ein Körperschluss geschaltet. Der Widerstand muss so hoch sein, dass die Anzeige des Spannungsmessers unter 50 V bleibt. Nun wird der Widerstand verringert. Der FU-Schalter muss auslösen, **bevor** der Spannungsmesser 50 V anzeigt.

Wie wird die Messung der Wirksamkeit ohne Sonde durchgeführt?

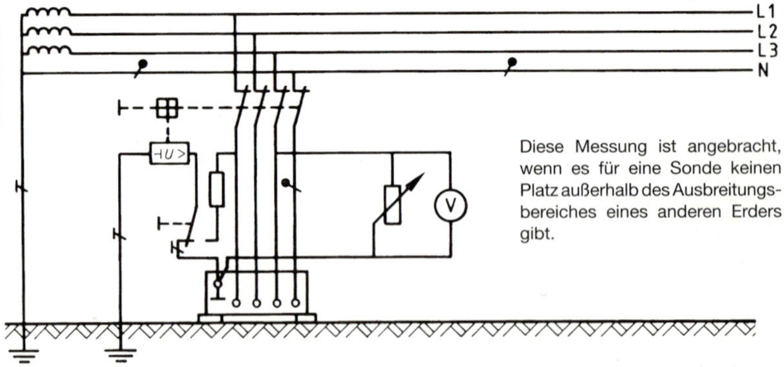

Diese Messung ist angebracht, wenn es für eine Sonde keinen Platz außerhalb des Ausbreitungsbereiches eines anderen Erders gibt.

Diese Messung unterscheidet sich von der Messung mit Sonde nur dadurch, dass die Berührungsspannung indirekt gemessen wird. Der Spannungsmesser misst die Phasenspannung abzüglich der Berührungsspannung.

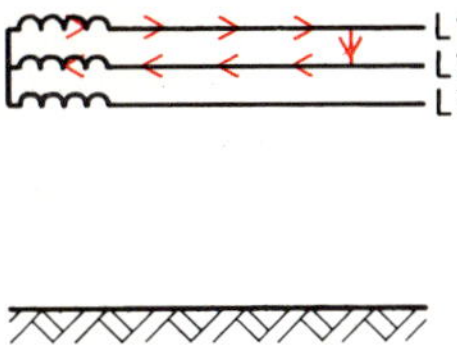

Isolationsfehlerstrom von Leiter zu Leiter

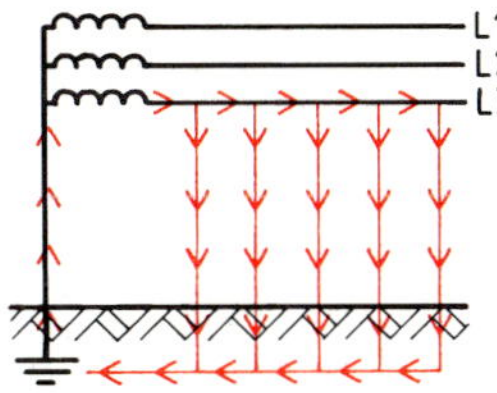

Isolationsfehlerstrom von Leiter zur Erde

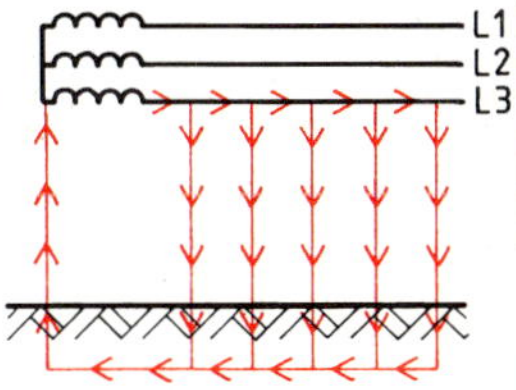

Auch in ungeerdeten Anlagen gibt es solche Isolations-Fehlerströme

Welche Isolationsfehlerströme treten in elektrischen Netzen auf?

Welche Grenzwerte sind für den Isolations-Fehlerstrom festgelegt?

Isolierwerkstoffe sind keine absoluten Nichtleiter. Bei jeder Art von Isolation kommt es zu unerwünschten Fehlerströmen „durch" die Isolation.

Der Isolationswiderstand ist der Widerstand, der beim Anlegen einer Gleichspannung gemessen wird.

Je 100 m Leiterlänge darf der Isolationsfehlerstrom 1 mA nicht überschreiten. Hieraus ergibt sich ein Isolationswiderstand von 1 000 Ω pro 1 Volt.

Bespiel: Bei einer Nennspannung von 400/230 V muss der Isolationswiderstand mindestens betragen:

Außenleiter	◄──►	Außenleiter	400 000 Ω
Außenleiter	◄──►	Neutralleiter	230 000 Ω
		Erde	
Neutralleiter	◄──►	Erde	230 000 Ω

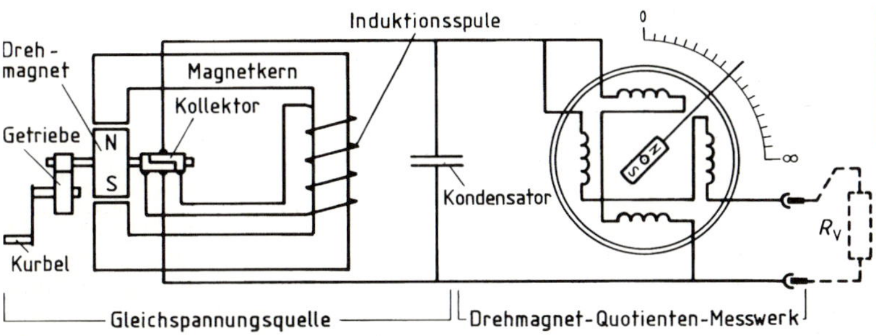

Wie funktioniert ein Isolationsmessgerät mit Kurbelinduktor?

Isolationsmessungen müssen mit 500 V Gleichspannung durchgeführt werden. Beim Kurbelinduktor wird die erzeugte Wechselspannung durch den Kollektor gleichgerichtet.

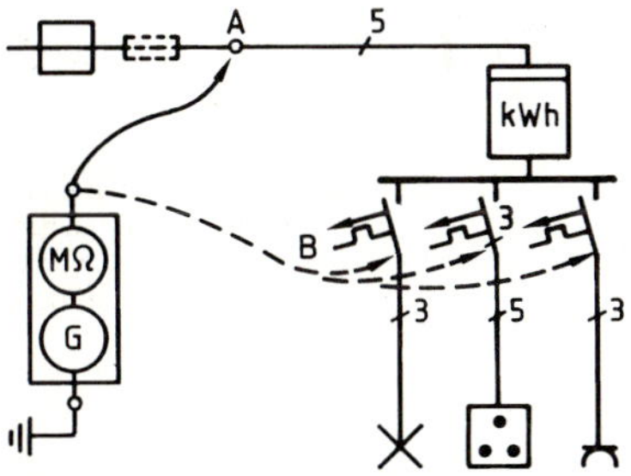

Isolation zwischen Leiter und Erde

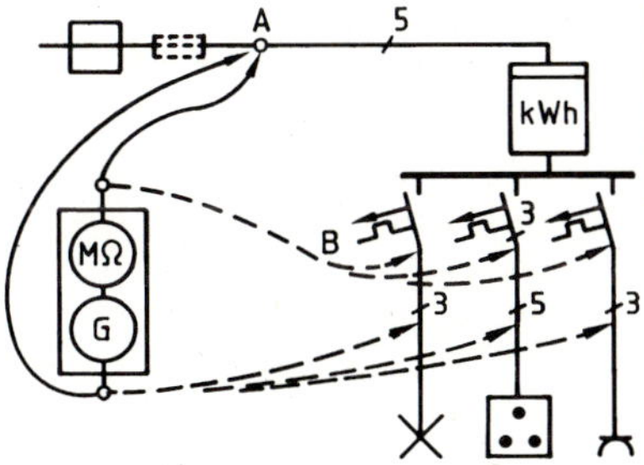

Isolation zwischen Leiter und Leiter

Wie werden die Isolationsmessungen in einer Anlage durchgeführt?

1. Alle Sicherungen öffnen.
2. Neutralleiter im Hausanschluss von der Erdverbindung trennen.
3. Solange bei angeschlossenen Verbrauchsmitteln die geforderten Werte eingehalten werden, dürfen sie bei den Messungen angeschlossen bleiben.

Wann sind Sicherheitsprüfungen durchzuführen?

Da bei der Instandsetzung oder bei der Änderung eines Gerätes sein Sicherheitszustand verändert werden kann, muss vor Wiederinbetriebnahme des Gerätes sein Sicherheitszustand überprüft werden.

(Das Auswechseln von Sicherungen, Lampen, Startern u. Ä. gilt nicht als Instandsetzen.)

Was ist bei der Sichtprüfung zu beachten?

- Es darf kein zur Sicherheit beitragendes Teil des Gerätes beschädigt sein.
- Der Schutzleiter muss im ordnungsgemäßen Zustand sein.
- Der Schutzleiteranschluss muss fest sein (Handprobe).
- Die flexiblen Anschlussleitungen dürfen keine äußeren Mängel aufweisen.
- Zugentlastungen und Biegetüllen müssen in einwandfreiem Zustand sein (Handprobe).

Wie wird der Schutzleiteranschluss bei Geräten der Schutzklasse I überprüft?

Bei ortsveränderlichen Geräten

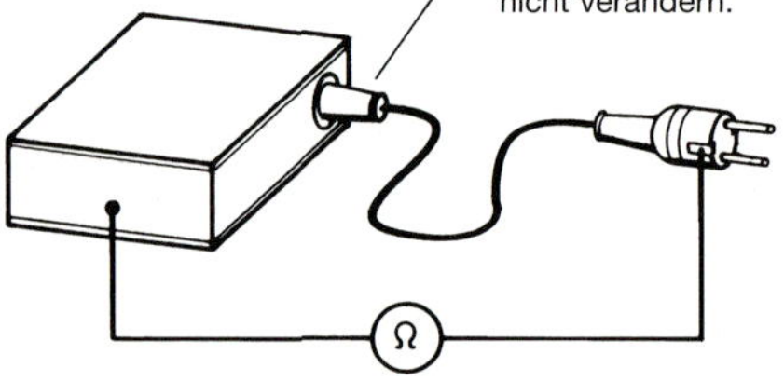

Der Widerstand zwischen Gehäuse und Schutzleiterkontakt darf bis 5-m-Leitungslänge 0,3 Ω nicht überschreiten.

Über 5 m → 1 Ω

Bei ortsfesten Geräten

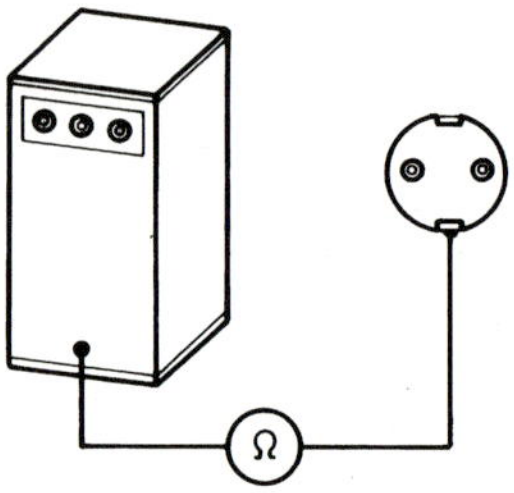

Der Widerstand zwischen dem Körper und dem Schutzleiterkontakt einer Steckdose darf 1 Ω nicht überschreiten.

Welche Messungen werden nach der Schutzleiterprüfung durchgeführt?

Nach der erfolgreichen Schutzleiterprüfung wird der Isolationswiderstand oder der Ableitstrom gemessen.

Der Isolationswiderstand darf dabei folgende Werte nicht unterschreiten:

- 0,5 MΩ bei Geräten der Schutzklasse I,
- 2 MΩ bei Geräten der Schutzklasse II,
- 1 000 Ω/V bei Geräten der Schutzklasse III.

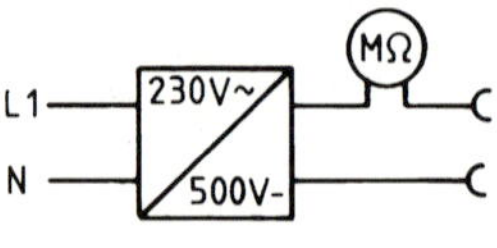

Zur Messung des Isolationswiderstandes von Geräten der Schutzklassen I und II muss bei einer Belastung mit 0,5 MΩ die Messgleichspannung mindestens 500 V– betragen.

Das Gerät muss eingeschaltet sein!

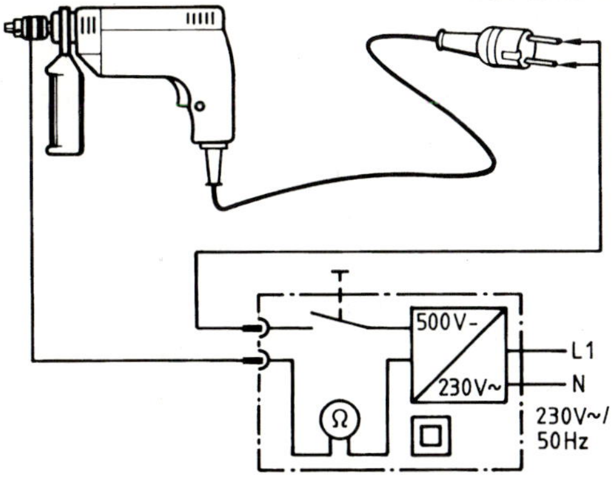

Bei Geräten der Schutzklasse II ohne berührbare Metallteile entfällt die Messung.

Wie wird die Isolationsmessung bei Geräten der Schutzklassen I und II durchgeführt?

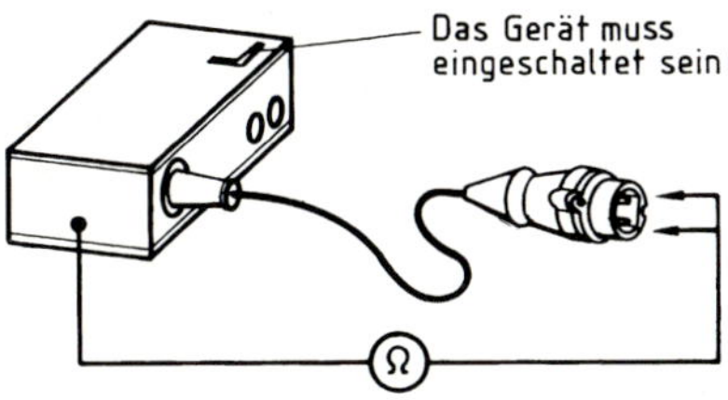

An den Widerstandsmesser werden keine besonderen Anforderungen gestellt.

Für Geräte ≤ 20 VA **und** ≤ 42 V entfällt die Messung.

Bei batteriegespeisten Geräten ist die Batterie während der Messung abzuklemmen.

Wie wird die Isolationsmessung bei Geräten der Schutzklasse III durchgeführt?

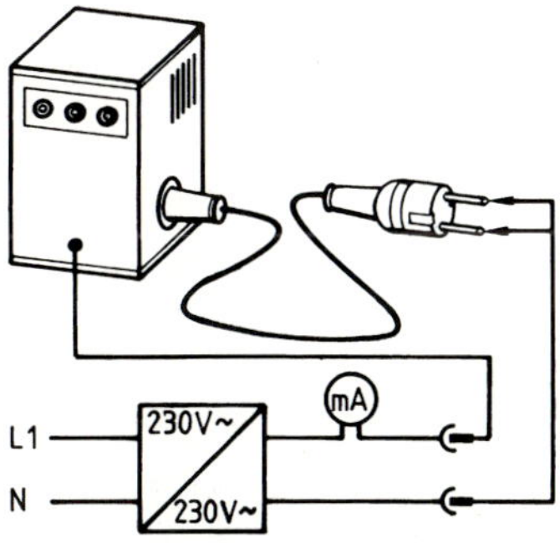

Ersatz-Ableitstrom-Messung

Bei Geräten mit Heizelementen oder bei Geräten, die mit Funkentstörkondenstoren ausgerüstet sind, ist der Isolationswiderstand oft kleiner als 0,5 MΩ.

In diesen Fällen kann der Ableitstrom zwischen aktiven Teilen und dem Körper gemessen werden. Die Ableitstromstärke darf bei Heizleistungen unter 6 kW 7 mA nicht übersteigen (> 6 kW nicht 15 mA übersteigen).

Damit bei der Messung keine Schäden auftreten, wird die Messung mit einer strombegrenzenden Spannungsquelle durchgeführt. Die Messspannung ist vom Netz galvanisch getrennt. Deshalb heißt diese Messung Ersatz-Ableitstrom-Messung.

Unter welchen Bedingungen wird eine Ableitstrommessung durchgeführt?

Schutzarten

bezeichnen die Güte des Schutzes gegen das Eindringen von festen Körpern und das Eindringen von Wasser in das Betriebsmittel.

Gekennzeichnet wird die Schutzart mit einer Buchstaben (IP)-Zahlen-Kombination
(IP ≙ **I**nternational **P**rotection)

Kennziffer	**als erste Ziffer:** Schutz gegen das Eindringen fester Körper	**als zweite Ziffer:** Schutz gegen das Eindringen von Wasser
0	kein besonderer Schutz	kein besonderer Schutz
1	größer 50 mm Durchmesser	senkrecht fallendes Tropfwasser
2	größer 12 mm Durchmesser	bis zu 15° schräg fallendes Tropfwasser
3	größer 2,5 mm Durchmesser	bis zu 60° auftreffendes Sprühwasser
4	größer 1 mm Durchmesser	Spritzwasser aus allen Richtungen
5	gegen Staubablagerungen	Strahlwasser aus allen Richtungen
6	absolut staubdicht	vorübergehendes Überfluten
7	———	kurzzeitiges Druckwasser
8	———	dauerndes Druckwasser

Übliche Schutzarten

Schutzart	Beschreibung des Anwendungsbereiches	noch verwendete Sinnbilder nach VDE 0710
IP 20	trockene Räume, Staubentwicklung gering	
IP 21	feuchte Räume	
IP 23	im Freien (stationär), regengeschützt	
IP 44	im Freien (Baustellen), spritzwassergeschützt	
IP 55	nasse Räume, strahlwassergeschützt	
IP 55	Räume mit besonderer Staubentwicklung	
IP 66	nasse Räume, starke Strahlwasser	
IP 66	durch Staubexplosionen gefährdete Räume	
IP 68	unter Wasser und dauerndem Wasserdruck	...bar

Wird zum Schutz gegen das Eindringen fester Körper oder zum Schutz gegen das Eindringen von Wasser keine Angabe gemacht, so wird an der Stelle der nicht besetzten Kennziffer ein X geschrieben.

Beispiele: IP 2X; IP 4X; IP X8.

Schutzklassen

Schutzklassen bezeichnen die Art des Schutzes elektrischer Betriebsmittel gegen Körperschluss und damit indirekt gegen gefährliche Körperströme.

Schutzklasse I
Kennzeichen

Die aktiven Teile des Betriebsmittels haben eine Basisisolierung, und die leitfähige Umhüllung der Basisisolierung (das Gehäuse) hat einen Schutzleiteranschluss.

Schutzklasse II
Kennzeichen

Die Umhüllung der Basisisolierung der aktiven Teile besteht aus einer zweiten Isolierung (Schutzisolierung).

Schutzklassen III
Kennzeichen III

Die mit einer Basisisolierung umhüllten aktiven Teile des Betriebsmittels sind für Kleinspannung ausgelegt.

Farben der Kennmelder und Passeinsätze von NEOZED- und DIAZED-Sicherungseinsätzen

Schmelzeinsatz Nennstromstärke A	Farbe des Kennmelders	Gewinde	
		Diazed	Neozed
2 4 6 10	rosa braun grün rot	E 16 oder E 27	E 14
16 20 25	grau blau gelb		E 18
35 50 63	schwarz weiß kupferfarben	E 33	
80 100	silberfarben rot	R 1¼"	M 30 × 2
125 160 200	gelb kupferfarben blau	R 2"	

Kennzeichnung isolierter und blanker Leiter

	Leiter-bezeichnung	alpha-numerisch	Bildzeichen	Farbe
Wechselstromnetz	Außenleiter 1 Außenleiter 2 Außenleiter 3 Neutralleiter L 1	L1 L2 L3 N		[1] [1] [1] hellblau
Gleichstromnetz	Positiv Negativ Mittelleiter	L+ L– M	+ –	[1] [1] hellblau
Schutzleiter (oder Erdungsleitung mit Schutzleiterfunktion)		PE	⏚	grüngelb
Neutralleiter (Mittelleiter mit Schutzleiterfunktion)		PEN	⏚	grüngelb
Erde		E	⏚	[1]

[1]) Farbe nicht festgelegt.

Strombelastbarkeit Umgebungstemperatur 25 °C

Isolierwerkstoff	PVC									
zulässige Betriebstemperatur	70 °									
Bauart-Kennzeichen	NYM, NYBUY, NHYRUZY, NYIF, NYIFY, H07V-U, H07V-R, H07V-K								NYM, NYMZ, NYMT NYBUY, NHYRUZY	
Anzahl der Adern	2	3	2	3	2	3	2	3	2	3
Verlegeart	**A** in wärmedämmenden Wänden		**B1** Wänden auf oder in Wänden oder unter Putz		**B2**		**C**		**E** frei in der Luft	
			in Elektroinstallationsrohren oder -kanälen				direkt verlegt			
	 Aderleitungen im Elektroinstallationsrohr		 Aderleitungen im Elektroinstallationsrohr auf der Wand		 mehradrige Leitung im Elektroinstallationsrohr auf der Wand		 mehradrige Leitung auf der Wand oder auf dem Fußboden		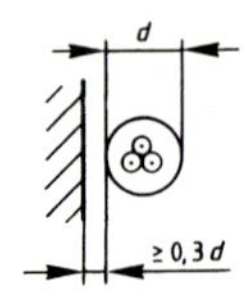	
	 mehradrige Leitung im Elektroinstallationsrohr		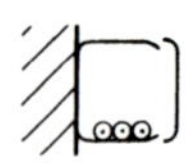 Aderleitungen im Elektroinstallationskanal auf der Wand		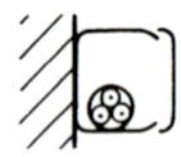 mehradrige Leitung im Elektroinstallationskanal auf der Wand		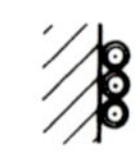 einadrige Mantelleitungen auf der Wand oder auf dem Fußboden			
	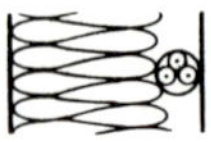 mehradrige Leitung in der Wand		  einadrige Mantelleitung, Aderleitungen, mehradrige Leitung im Elektroinstallationsrohr im Mauerwerk				 mehradrige Leitung, Stegleitung in der Wand oder unter Putz			
Nennquerschnitt Cu mm²	Belastbarkeit in A									
1,5	16,5	14	18,5	16,5	16,5	15	21	18,5	21	19,5
2,5	21	19	25	22	22	20	28	25	29	27
4	28	25	34	30	30	28	37	35	39	36
6	36	33	43	38	39	35	49	43	51	46
10	49	45	60	53	53	50	67	63	70	64
16	65	59	81	72	72	65	90	81	94	85
25	85	77	107	94	95	82	119	102	125	107
35	105	94	133	118	117	101	146	126	154	134
50	126	114	160	142	–	–	–	–	–	–
70	160	144	204	181	–	–	–	–	–	–
95	193	174	246	219	–	–	–	–	–	–
120	223	199	285	253	–	–	–	–	–	–

Überstromschutz (Empfehlung ZVEH) Umgebungstemperatur 25 °C

Verlegungsart	**A**		**B1**		**B2**		**C**		**E**	
Anzahl der Adern	2	3	2	3	2	3	2	3	2	3
Nennquerschnitt Cu mm²	Nennstrom der Schutzeinrichtung in A									
1,5	16	13	16	16	16	13	20	16	20	16
2,5	20	16	25	20	20	20	25	25	25	25
4	25	25	32	25	25	25	35	35	35	35
6	35	32	40	35	35	35	40	40	50	40
10	40	40	50	50	50	50	63	63	63	63
16	63	50	80	63	63	63	80	80	80	80
25	80	63	100	80	80	80	100	100	125	100
35	100	80	125	100	100	100	125	125	125	125
50	125	100	160	125	–	–	–	–	–	–
70	160	125	200	160	–	–	–	–	–	–
95	160	160	200	200	–	–	–	–	–	–

Umrechnungsfaktoren für abweichende Umgebungstemperaturen

Isolierwerkstoff	NR/SR	PVC	EPR
zulässige Betriebstemperatur	60 °C	70 °C	80 °C
Umgebungstemperatur °C	Umrechnungsfaktoren		
10	1,29	1,22	1,18
15	1,22	1,17	1,14
20	1,15	1,12	1,10
25	1,08	1,06	1,05
30	1,0	1,0	1,0
35	0,91	0,94	0,95
40	0,82	0,87	0,89
45	0,71	0,79	0,84
50	0,58	0,71	0,77
55	0,41	0,61	0,71

Umrechnungsfaktoren für vieladrige Leitungen mit Leiternennquerschnitten bis 10 mm²

Anzahl der belasteten Adern	Umrechnungsfaktor
5	0,75
7	0,65
10	0,55
14	0,50
19	0,45
24	0,40
40	0,35
61	0,30

Umrechnungsfaktoren für Häufung (Verlegungsart A, B und C)

Anzahl der mehradrigen Leitungen		1	2	3	4	5	6	7	8	9	10
Gebündelt direkt auf der Wand, dem Fußboden, im Elektroinstallationsrohr oder -kanal, auf oder in der Wand	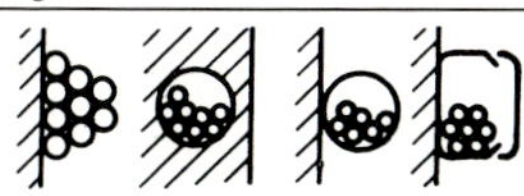	1,00	0,80	0,70	0,65	0,60	0,57	0,54	0,52	0,50	0,48
Einlagig auf der Wand oder Fußboden mit Berührung	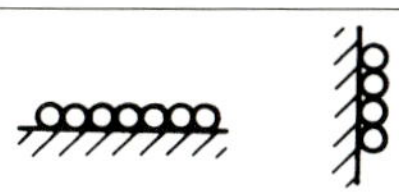	1,00	0,85	0,79	0,75	0,73	0,72	0,72	0,71	0,70	–
Einlagig auf der Wand oder Fußboden, mit Zwischenraum gleich Leitungsdurchmesser	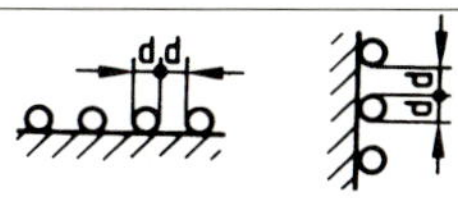	1,00	0,94	0,90	0,90	0,90	0,90	0,90	0,90	0,90	0,90
Einlagig unter der Decke, mit Berührung		0,95	0,81	0,72	0,68	0,66	0,64	0,63	0,62	0,61	–
Einlagig unter der Decke, mit Zwischenraum gleich Leitungsdurchmesser	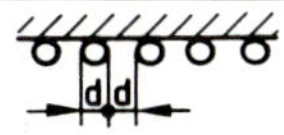	0,95	0,85	0,85	0,85	0,85	0,85	0,85	0,85	0,85	0,85

Umrechnungsfaktoren für Häufung (Verlegungsart E)

Verlegeanordnung		Anzahl der Pritschen	Anzahl der Leitungen					
			1	2	3	4	6	9
Unperforierte Kabelwannen	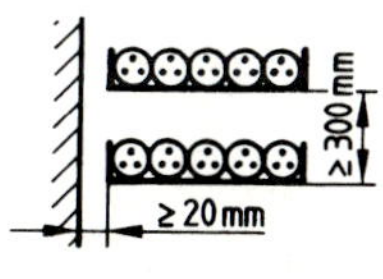	1	0,97	0,84	0,78	0,75	0,71	0,68
		2	0,97	0,83	0,76	0,72	0,68	0,63
		3	0,97	0,82	0,75	0,71	0,66	0,61
		6	0,97	0,81	0,73	0,69	0,63	0,58
Perforierte Kabelwannen	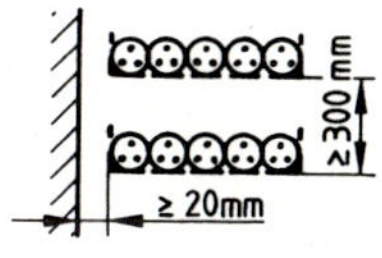	1	1,0	0,87	0,81	0,78	0,75	0,73
		2	1,0	0,86	0,79	0,76	0,72	0,68
		3	1,0	0,85	0,78	0,75	0,70	0,66
		6	1,0	0,84	0,77	0,73	0,68	0,64

Kabel mit Nennspannungen bis 1 kV für Erdverlegung

Isolierstoff	Papier-Masse				PVC Polyvinylchlorid		VPE Polyäthylen	
Kabelmantel	Blei z. B. N (A) KBA		Aluminium z. B. N (A) YY		Kunststoff z. B. N (A) YY		Kunststoff z. B. N (A) 2XY	
zulässige Betriebs-temperatur	80 °C				70 °C		90 °C	
Anordnung der Leiter	[1]	[2]	[1]	[2]	[1]	[2]	[1]	[2]
Leiterwerkstoff Cu in mm²	Belastbarkeit in A							
25	133	147	135	146	128	137	143	149
35	161	175	162	174	157	165	173	178
50	191	207	192	206	185	195	205	211
70	235	254	237	251	228	239	252	259
95	281	303	284	299	275	287	303	310
120	320	345	324	339	313	326	346	352
150	361	387	364	379	353	366	390	396
185	410	437	411	426	399	414	441	449
240	474	507	475	488	464	431	511	521
300	533	571	533	544	524	542	580	587
Leiterwerkstoff Al in mm²	Belastbarkeit in A							
25	103	–	104	–	99	–	111	–
35	124	135	125	135	118	127	132	137
50	148	161	149	160	142	151	157	163
70	182	197	184	195	176	186	195	201
95	218	236	221	233	211	223	233	240
120	249	268	252	265	242	254	266	274
150	281	301	283	297	270	285	299	308
185	320	341	322	335	308	323	340	350
240	372	398	373	388	363	278	401	408
300	420	449	421	435	412	427	455	462

[1] mehradriges Kabel

[2] einadriges Kabel im Drehstromsystem

Mindestquerschnitte für die mechanische Festigkeit

Leitungen und Kabel müssen eine ausreichende mechanische Festigkeit haben. Dafür muss der Nennquerschnitt der Leiter folgende Mindestwerte haben.

Verlegungsart	Mindestquerschnitt in mm²	
	bei Cu	bei Al
feste geschützte Verlegung	1,5	2,5
Leitungen in Schaltanlagen und Verteilern		
– bei Stromstärken bis 2,5 A	0,5	–
– bei Stromstärken über 2,5 bis 16 A	0,75	–
– bei Stromstärken über 16 A	1,0	–
offene Verlegung (auf Isolatoren)		
– Abstand der Befestigungspunkte bis 20 m	4	16
– Abstand der Befestigungspunkte 20 – 45 m	6	16*
bewegliche Leitungen für		
– leichte Handgeräte bis 1 A und 2 m Länge	0,1	–
– Handgeräte bis 2,5 A und 2 m Länge	0,5	–
– Handgeräte und Kupplungsdosen bis 10 A	0,75	–
– Handgeräte und Kupplungsdosen über 10 A**	1,0	–
Fassungsadern	0,75	–
Lichtketten für Innenräume (VDE 0710)		
– als Verbindungs- und Zuleitungen	0,75	–
– als Verbindungsleitungen	0,5	–
Starkstrom-Freileitungen (VDE 0211)	10	25

* mehradrig
** für Kupplungsdosen bis 16 A

Schutzorgane müssen Kurzschlussströme unterbrechen, bevor eine schädliche Erwärmung eintritt. Entspricht das Ausschaltvermögen des Schutzorganes zum Schutz bei Überlast mindestens dem Strom bei vollkommenem Kurzschluss an der Einbaustelle, so gewährt dieses Organ gleichzeitig den Schutz bei Kurzschluss. Die Ausschaltzeit darf jedoch nicht länger sein als die Zeit bis zur Erwärmung der Leiter auf die zulässige Höchsttemperatur.
Bis zu einer Zeit von 5 s kann die zulässige Ausschaltzeit wie folgt bestimmt werden:

$$t = \left(k \cdot \frac{S}{I}\right)^2$$

t zulässige Ausschaltzeit in Sekunden
S Leiterquerschnitt in mm^2
I vollkommener Kurzschlussstrom in A
k Konstante – 115 bei PVC-isolierten Cu-Leitern
– 76 bei PVC-isolierten Al-Leitern
– 134 bei gummiisolierten Cu-Leitern
– 89 bei gummiisolierten Al-Leitern

Um die zulässige Ausschaltzeit bei Schutzorganen, die nur bei Kurzschluss schützen sollen, einzuhalten, dürfen maximale Leitungslängen nicht überschritten werden. Diese Längen können über Tabellen und Nomogramme ermittelt werden.

Richtwerte (in Grenzfällen muss die Leiterlänge berechnet werden)

Höchstzulässige Leitungs- bzw. Kabellänge bei einpoligen Kurzschlüssen in 380/220-V-Netzen für Sicherungen, die nur bei Kurzschluss schützen sollen und PVC-isolierten Leitern von 25 bis 150 mm^2 Cu

Querschnitt	Nennstrom der Sicherung	Kurzschlussstrom	Höchstzulässige Länge bei einer Schleifenimpedanz bis zur Sicherung				
			10 mΩ	50 mΩ	100 mΩ	200 mΩ	300 mΩ
mm^2	A	A	m	m	m	m	m
25	80	450	222	205	183	138	92
	100	560	178	161	139	93	46
	125	740	134	116	94	48	–
	160	960	102	85	62	14	–
35	100	560	248	224	193	129	63
	125	740	186	162	131	66	–
	160	960	142	178	86	20	–
	200	1 310	103	78	46	–	–
50	125	740	264	229	185	92	–
	160	960	202	167	121	28	–
	200	1 310	146	110	64	–	–
	250	1 580	119	84	37	–	–
70	160	960	279	230	167	38	–
	200	1 310	201	152	88	–	–
	250	1 580	165	115	51	–	–
	315	2 070	123	73	8	–	–
95	200	1 310	268	201	116	–	–
	250	1 580	219	152	67	–	–
	315	2 070	163	96	10	–	–
	400	2 650	124	56	–	–	–
120	200	1 310	331	247	142	–	–
	250	1 580	271	187	82	–	–
	315	2 070	202	118	13	–	–
	400	2 650	153	69	–	–	–
150	250	1 580	327	226	99	–	–
	315	2 070	244	142	15	–	–
	400	2 650	185	83	–	–	–
	500	3 550	131	30	–	–	–

Die angegebenen Grenzlängen gelten für den Schutz bei indirektem Berühren und dem Schutz bei Kurzschluss im TN-System. Sie gelten für Kupferleiter mit PVC-Isolierung oder Gummiisolierung und sie gelten für die Verwendung von Leitungsschutzschaltern mit der Charakteristik C.

Nennspannung der Anlage: 230/400 V, 50 Hz
Abschaltung nach 0,1 s (Dieselben Grenzlängen gelten für Abschaltzeiten bis 5 s.)

Leiternenn-querschnitt	Nennstrom der Schutz-einrichtung	Mindestkurz-schlussstrom	Schleifenimpedanz vor der Schutzeinrichtung mΩ								
			10	50	100	200	300	400	500	600	700
			Maximale zulässige Länge								
mm²	A	A	m	m	m	m	m	m	m	m	m
1,5	6	30	243	242	240	237	234	231	228	225	222
1,5	10	50	145	144	143	140	137	134	131	128	125
1,5	16	80	91	89	88	85	82	79	76	73	70
1,5	20	100	72	71	70	67	64	61	57	54	51
1,5	25	125	58	57	55	52	49	46	43	40	36
2,5	10	50	238	236	233	229	224	219	214	209	204
2,5	16	80	148	146	144	139	134	129	124	119	114
2,5	20	100	118	116	114	109	104	99	94	89	84
2,5	25	125	95	93	90	85	80	75	70	65	60
2,5	32	160	74	72	69	64	59	54	49	44	38
4	16	80	241	238	234	226	218	210	202	193	185
4	20	100	163	190	186	178	169	161	153	145	136
4	25	125	154	151	147	139	131	122	114	106	97
4	32	160	120	117	113	105	96	88	80	71	62
4	40	200	96	93	89	80	72	64	55	46	37
6	20	100	290	285	279	267	255	243	230	218	205
6	25	125	232	227	221	209	197	184	172	159	146
6	32	160	181	176	170	158	145	133	120	107	94
6	40	200	144	139	133	121	109	96	83	70	56
6	50	250	115	110	104	92	79	66	53	39	25
6	63	315	91	86	80	68	55	41	28	14	0
10	25	125	388	380	370	350	329	308	287	265	244
10	32	160	303	295	284	264	243	222	201	179	157
10	40	200	242	234	223	203	182	160	139	116	94
10	50	250	193	185	175	154	132	111	88	66	42
10	63	315	153	144	134	113	92	69	47	23	0
16	32	160	480	467	451	418	385	351	317	282	247
16	40	200	383	370	354	321	288	253	219	184	148
16	50	250	306	293	277	243	210	175	140	104	67
16	63	315	242	229	213	179	145	110	73	36	0

Weitere Tabellen für höhere Leiterquerschnitte, andere Schutzeinrichtungen und andere Leitungen bzw. Kabel sind in der oben angegebenen Norm abgedruckt.

	1	2	3	4	5	6	7	8
	Werkstoff		Form	Mindestmaße				
				Kern			Beschichtung/ Mantel	
				Durchmesser	Querschnitt	Dicke	Einzelwerte	Mittelwerte
				mm	mm²	mm	µm	µm
1	Stahl	feuerverzinkt[1]	Band[3]		100	3	63	70
2			Profil		100	3	63	70
3			Rohr	25		2	47	55
4			Rund für Tiefenerder	20			63	70
5			Runddraht für Oberflächenerder	10[7]				50[5]
6		mit Bleimantel[2]	Runddraht für Oberflächenerder	8			1000	
7		mit Kupfermantel	Rundstab für Tiefenerder	15			2000	
8		elektrolytisch verkupfert	Rundstab für Tiefenerder[6]	17,3			254	300
9	Kupfer	blank	Band		50	2		
10			Runddraht für Oberflächenerder		35			
11			Seil	1,8 Einzeldraht	35			
12			Rohr	20		2		
13		verzinnt	Seil	1,8 Einzeldraht	35		1	5
14		verzinkt	Band[4]		50	2	20	40
15		mit Bleimantel[2]	Seil	1,8 Einzeldraht	35		1000	
16			Runddraht		35		1000	

1) Verwendbar auch für Einbettung in Beton.
2) Nicht für unmittelbare Einbettung in Beton geeignet.
3) Band in gewalzter Form oder geschnitten mit gerundeten Kanten.
4) Band mit gerundeten Kanten.
5) Bei Verzinkung im Durchlaufbad z. B. fertigungstechnisch nur 50 µm herstellbar.
6) Entsprechend UL 467 „Standard for Safety-Grounding and Bonding Equipment", ANSI C 33.8-1972.
7) Bei Fernmeldeanlagen der Deutschen Bundespost 8 mm Durchmesser.

Querschnitte für Potentialausgleichsleiter

	Hauptpotentialausgleich	Zusätzlicher Potentialausgleich	
normal	0,5 × Querschnitt des größten Schutzleiters der Anlage	zwischen zwei Körpern	1 × Querschnitt des kleineren Schutzleiters
		zwischen einem Körper und einem fremden leitfähigen Teil	0,5 x Querschnitt des Schutzleiters
mindestens	6 mm² Cu	bei mechanischem Schutz	2,5 mm² Cu oder Al
		ohne mechanischen Schutz	4mm² Cu
mögliche Begrenzung	25 mm² Cu oder gleichwertiger Leitwert	–	–

Bei ungeschützter Verlegung von Leitern aus Al besteht wegen möglicher Korrosion und geringer mechanischer Robustheit eine erhöhte Möglichkeit der Leiterunterbrechung.

Mindestquerschnitte für Erdungsleiter

Verlegung	mechanisch geschützt	mechanisch ungeschützt
gegen Korrosion geschützt	siehe Tabelle für Schutzleiter	Cu 16 mm² Fe 16 mm², feuerverzinkt
ohne Korrosionsschutz	Cu 25 mm² Fe 50 mm², feuerverzinkt	

Außenleiter	Schutzleiter oder PEN-Leiter[1)]	Schutzleiter getrennt verlegt	
mm²	Isolierte Starkstromleitungen mm²	geschützt mm² Cu	ungeschützt mm² Cu
bis 0,5	0,5	2,5	4
0,75	0,75	2,5	4
1	1	2,5	4
1,5	1,5	2,5	4
2,5	2,5	2,5	4
4	4	4	4
6	6	6	6
10	10	10	10
16	16	16	16
25	16	16	16
35	16	16	16
50	25	25	25
70	35	35	35
95	50	50	50
120	70	50	50
150	70	50	50
185	95	50	50
240	–	50	50
300	–	50	50
400	–	50	50

[5] PEN-Leiter ≥ 10 mm² Cu oder ≥ 16 mm² Al

Typenkurzzeichen-Schlüssel für harmonisierte Leitungen in Europa

Kennzeichen der Bestimmung

Harmonisierte Bestimmung	*H*
Anerkannter nationaler Typ	*A*

Nennspannung U_O/U

300/300 V	*03*
300/500 V	*05*
450/750 V	*07*

Isolierwerkstoff

PVC	*V*
Natur- und/oder Styrol-Butadienkautschuk	*R*
Silikon-Kautschuk	*S*

Mantelwerkstoff

PVC	V
Natur- und/oder Styrol-Butadienkautschuk	*R*
Polychloroprenkautschuk	*N*
Glasfasergeflecht	*J*
Textilgeflecht	*T*

Besonderheiten im Aufbau

flache, aufteilbare Leitung	*H*
flache, nicht aufteilbare Leitung	*H2*

Leiterart

eindrähtig	*-U*
mehrdrähtig	*-R*
feindrähtig bei Leitungen für feste Verlegung	*-K*
feindrähtig bei flexiblen Leitungen	*-F*
feinstdrähtig bei flexiblen Leitungen	*-H*
Lahnlitze	*-Y*

Aderzahl ...

Schutzleiter

ohne Schutzleiter	X
mit Schutzleiter	G

Nennquerschnitt des Leiters ...

Dies Norm gilt für Leitungen zum Anschluss ortsveränderlicher Verbraucher und für PVC-Aderleitungen

Beispiele

harmonisiertes Kurzzeichen	Leitungstyp	altes Kurzzeichen
HO3 VV-F3G0,75	leichte PVC-Schlauchleitung	NYLHY
HO3 RT-F3G1,5	Gummiaderschnur	NSA
HO5 VV-F5G2,5	mittlere PVC-Schlauchleitung	NYMHY
HO7 RN-F4G4	schwere Gummischlauchleitung	NSH
HO3 VH-Y2X0,75	leichte Zwillingsleitung	NLYZ
HO5 V-U1,5	PVC-Aderleitung	NYA

Kabel der Energietechnik

die wichtigsten Kennbuchstaben	Bedeutung	
N	Normkabel	
A	nach N: am Ende:	Aluminiumleiter äußere Schutzhülle aus Faserstoff
Y	nach N: am Ende:	Aderisolierung aus PVC PVC-Außenmantel
K	Bleimantel	
KL	Aluminiummantel	
B	Bewehrung aus Stahlband	
F	Bewehrung aus Stahlflachdraht	
R	Bewehrung aus Rundstahl	

Beispiele

NAKBA 3 × 120 sm — Sektorförmige mehrdrähtige (sm) 120² Aluminiumleiter, massegetränkte Aderisolierung (Papier), Bleimantel, Bandstahlbewehrung, äußere bitumengetränkte Jutehülle. (Dieser Kabeltyp ist geeignet für feste Verlegung im Erdreich, im Wasser und im Freien).

NYKY 4 × 10 re — Runde eindrähtige (re) 10 mm² Kupferleiter, PVC-Aderisolierung, Bleimantel, PVC-Außenmantel. (Dieser Kabeltyp ist für chemische Betriebe und Tankstellen geeignet, da er besonders widerstandsfähig gegen Fette, Öle und organische Lösungsmittel ist.)

NYY 4 × sm — Sektorförmige mehrdrähtige (sm) 95 mm² Kupferleiter, PVC-Aderisolierung, PVC-Außenmantel. (Dieser Leitungstyp ist für die Verlegung im Freien, in der Erde, im Wasser, in Kabelkanälen und in Innenräumen geeignet.)

Kabel der Signal- und Fernmeldetechnik

Die wichtigsten Kennbuchstaben	Bedeutung
A–	Außenkabel
J–	Installationskabel
V	verzinnter Kupferleiter
F	Folienisolierung
Y	Umhüllung aus PVC (Polyvinylchlorid)
2Y	Umhüllung aus PE (Polyäthylen)
(L)	Schirm aus Aluminiumband
(St)	Schirm aus Metallfolie

Beispiele

J – FY — Installationskabel, Folienisolierung, PVC-Umhüllung. (Geeignet für In- und Unter-Putz-Verlegung in trockenen Räumen.)

A – 2Y F (L) 2Y — Außenkabel, PE-Aderisolierung, Folienisolierung, Schirm aus Aluminiumband, PE-Umhüllung. (Geeignet als Erd- und Röhrenkabel für Fernsprech- und Signalübertragung.)

Sachwortverzeichnis